住房城乡建设部土建类学科专业"十三五"规划教材
全国住房和城乡建设职业教育教学指导委员会规划推荐教材

市政工程安全实训

（市政工程技术专业适用）

李永琴　主　编
郭启臣　曲立杰　副主编
贾俊文　杨转运　主　审

中国建筑工业出版社

图书在版编目(CIP)数据

市政工程安全实训 / 李永琴主编. — 北京 ：中国建筑工业出版社，2021.8

住房城乡建设部土建类学科专业“十三五”规划教材 全国住房和城乡建设职业教育教学指导委员会规划推荐教材 ：市政工程技术专业适用

ISBN 978-7-112-26203-8

Ⅰ. ①市… Ⅱ. ①李… Ⅲ. ①市政工程－安全管理－高等职业教育－教材 Ⅳ. ①TU99

中国版本图书馆 CIP 数据核字(2021)第 108154 号

本书内容涵盖安全管理主要知识，结合案例学习安全管理通用知识，重点是通过实训项目，让学生在“做”的过程中，获得安全管理技能，同时将课程思政贯彻教学全过程。本书主要内容有：实训导读、建立安全生产责任体系、绿色（文明）施工、施工用电安全管理、施工机械安全管理、施工脚手架安全、基坑工程安全、高处作业防护、保卫消防、食品卫生安全管理、施工现场安全生产管理、安全事故及应急管理、施工现场安全资料管理、安全生产费用管理、有限空间安全作业、安全智慧化管理。本书为新形态教材，扫描书中的二维码即可免费获得相关数字资源。数字资源主要为相关视频、图片、PDF 文档等。

本书贴近施工现场，符合施工实际，可作为大学本科、高职高专土建类及相关专业安全实训教材，还可供现场安全管理人员参考。本书紧贴“三类人员”安全生产考核大纲，适用于“三类人员”考前培训及安全从业人员安全生产教育培训。

* * *

责任编辑：聂　伟　王美玲

责任校对：李美娜

住房城乡建设部土建类学科专业“十三五”规划教材

全国住房和城乡建设职业教育教学指导委员会规划推荐教材

市政工程安全实训

（市政工程技术专业适用）

李永琴　主　编

郭启臣　曲立杰　副主编

贾俊文　杨转运　主　审

*

中国建筑工业出版社出版、发行(北京海淀三里河路 9 号)

各地新华书店、建筑书店经销

北京红光制版公司制版

天津安泰印刷有限公司印刷

*

开本：787 毫米×1092 毫米　1/16　印张：12¼　字数：282 千字

2021 年 8 月第一版　　2021 年 8 月第一次印刷

定价：**39.00** 元（附配套数字资源）

ISBN 978-7-112-26203-8

(37778)

本套教材编审委员会名单

序　言

2015年10月受教育部（教职成函〔2015〕9号）委托，住房城乡建设部（住建职委〔2015〕1号）组建了新一届全国住房和城乡建设职业教育教学指导委员会市政工程类专业指导委员会，它是住房城乡建设部聘任和管理的专家机构。其主要职责是在住房城乡建设部、教育部、全国住房和城乡建设职业教育教学指导委员会的领导下，研究高职高专市政工程类专业的教学和人才培养方案，按照以能力为本位的教学指导思想，围绕市政工程类专业的就业领域、就业岗位群组织制定并及时修订各专业培养目标、专业教育标准、专业培养方案、专业教学基本要求、实训基地建设标准等重要教学文件，以指导全国高职院校规范市政工程类专业办学，达到专业基本标准要求；研究市政工程类专业建设、教材建设，组织教材编审工作；组织开展教育教学改革研究，构建理论与实践紧密结合的教学体系，构筑校企合作、工学结合的人才培养模式，进一步促进高职高专院校市政工程类专业办出特色，全面提高高等职业教育质量，提升服务建设行业的能力。

市政工程类专业指导委员会成立以来，在住房城乡建设部人事司和全国住房和城乡建设职业教育教学指导委员会的领导下，在专业建设上取得了多项成果。市政工程类专业指导委员会制定了《高职高专教育市政工程技术专业顶岗实习标准》和《高职高专教育给排水工程技术专业顶岗实习标准》；组织了“市政工程技术专业”“给水排水工程技术专业”理论教材和实训教材编审工作。

在教材编审过程中，坚持了以就业为导向，走产学研结合发展道路的办学方针，以提高质量为核心，以增强专业特色为重点，创新教材体系，深化教育教学改革，围绕国家行业建设规划，系统培养高端技能型人才，为我国建设行业发展提供人才支撑和智力支持。

本套教材的编写坚持贯彻以素质为基础，以能力为本位，以实用为主导的指导思路，毕业的学生具备本专业必需的文化基础、专业理论知识和专业技能，能胜任市政工程类专业设计、施工、监理、运行及物业设施管理的高端技能型人才，全国住房和城乡建设职业教育教学指导委员会市政工程类专业指导委员会在总结近几年教育教学改革与实践的基础上，通过开发新课程，更新课程内容，增加实训教材，构建了新的课程体系。充分体现了其先进性、创新性、适用性，反映了国内外最新技术和研究成果，突出高等职业教育的特点。

“市政工程技术”“给水排水工程技术”两个专业教材的编写工作得到了教育部、住房城乡建设部人事司的支持，在全国住房和城乡建设职业教育教学指导委员会的领导下，市政工程类专业指导委员会聘请全国各高职院校本专业多年从事“市政工程技术”“给水排水工程技术”专业教学、研究、设计、施工的副教授以上的专家担任主编和主审，同时吸收工程一线具有丰富实践经验的工程技术人员及优秀中青年教师参加编写。该系列教材的出版凝聚了全国各高职高专院校“市政工程技术”“给排水工程技术”两个专业同行的心血，也是他们多年来教学工作的结晶。值此教材出版之际，全国住房和城乡建设职业教育教学指导委员会市政工程类专业指导委员会谨向全体主编、主审及参编人员致以崇高的敬意。对大力支持这套教材出版的中国建筑工业出版社表示衷心的感谢，向在编写、审稿、出版过程中给予关心和帮助的单位和同仁致以诚挚的谢意。本套教材全部获评住房城乡建设部土建类学科专业“十三五”规划教材，得到了业内人士的肯定。深信本套教材将会受到高职高专院校和从事本专业工程技术人员的欢迎，必将推动市政工程类专业的建设和发展。

全国住房和城乡建设职业教育教学指导委员会
市政工程类专业指导委员会

前　言

随着我国基础设施建设规模不断扩大，建设资源供给与需求不适应的矛盾逐渐体现，经济社会发展方式转变对工程安全提出新的更高的要求。通过建立现代安全管理体制，采用科学、适用的管理、技术手段，减少、杜绝生产过程中人的不安全状态，实现生产过程标准化、规范化，是实现理想生产安全的必由之路。本书结合大量的安全实例，精心设计典型工作任务，较为系统地对市政工程安全管理进行了解析。

本书具有如下特点：

1. 图文并茂，通俗易懂。本书系统地对市政安全管理进行介绍，内容浅显易懂。

2. 按国家现行标准或规程编写。书中采用了市政工程项目现场案例，填补了当前此类教材的空白。

3. 本书是以实训任务为载体的立体化教材，配有大量视频、图片资料等数字资源。

4. 教材编写团队理论知识扎实，实践经验丰富，部分编者为多年从事安全管理的技术人员。

本书由山西工程科技职业大学李永琴任主编，黑龙江建筑职业技术学院郭启臣、山西工程科技职业大学曲立杰任副主编。具体编写人员及分工为：山西工程科技职业大学李永琴（项目 1、项目 3）、曲立杰（项目 7）、贾赟（项目 6）、孙晋（项目 8）、段兰兰（项目 10）、张洁（项目 12）、赵振江（项目 13）、段贵明（项目 14）、杨米娜（项目 16），黑龙江建筑职业技术学院田东军（项目 4）、郭启臣（项目 5）、李钊（项目 9），中建二局土木工程集团有限公司高峰（项目 2），中铁十二局集团第四工程有限公司孟久刚（项目 11），太原市市政工程设计研究院朱世峰（项目 15）。数字资源由相应项目的编写人员制作。全书由中国建筑第二工程局有限公司贾俊文高工、四川建筑职业技术学院杨转运教授主审。在本书编写过程中，山西建设投资集团有限公司原晓峰、中铁十二局集团第四工程有限公司马赛、北京市政建设集团第三工程处林彦坊等提出了许多中肯建议，在此表示衷心感谢。

限于编者水平，本书难免存在缺点和谬误，恳请读者批评改正。主编电子邮箱为：390260600@qq. com。

目　录

项目1　实　训　导　读

安全生产是指为预防生产过程中发生人身、设备事故，形成良好劳动环境和工作秩序而采取的一系列措施和活动。安全生产与人民群众生命财产安全密切相关，不仅是我国全面建成小康社会宏伟目标的重要内容，更是人类社会文明进步的重要标志。

一直以来，各级部门高度重视生产安全工作，认真践行“以人为本，关爱生命”理念，不断加大行业监管力度，同时在隐患治理、安全防护、应急工作、安全教育、安全管理信息化等方面提出了规范化建设要求，安全生产标准化建设明显加强。安全生产标准化的实质，就是把工程管理的相关要素最大限度地整合优化，明确设定符合实际的安全生产目标，制定符合规范要求的操作性标准，推动落实到安全生产各环节，实现项目管理更加规范、施工场地更加有序、管理流程更加合理、安全施工更加到位。

实训主要技能：

1. 掌握常见安全专业术语；
2. 了解现行有关安全生产的法律、法规；
3. 了解安全管理检查的标准及内容。

任务1　常用安全专业术语

一、案例

某学院市政专业同学到某市政项目部实习，实习岗位为安全员。一天，项目经理对他说：这个月总公司要到项目部进行安全检查与考核，你去检查一下：项目部的安全生产责任书签订了没有，安全生产目标管理制度完善不？并准备好其他安全资料。另外，通知各部门全力迎接安全大检查。

你该如何完成上述任务？根据上述任务，请整理出简易的工作思路并编写工作计划。

二、实训任务

1. 实训目的

通过本次实训任务，学生能认知、理解市政工程常遇到的安全方面的专业术语。

2. 实训内容及实训步骤

实训日期：＿＿＿＿＿＿＿＿＿＿　　实训成绩：＿＿＿＿＿＿＿＿＿＿

班　　级：＿＿＿＿＿＿＿＿＿＿　　小组成员：＿＿＿＿＿＿＿＿＿＿

实训1　根据案例，查阅资料，通过小组讨论方式，列出关于施工安全的一些关键词，理解其含义，并拓展安全知识，顺利完成项目部领导交办的工作任务（表 1-1）。

常用施工安全关键词　　表 1-1

序号	关键词	含义	拓展相关知识
1			
2			
……			

实训步骤 1：通过网络搜索“施工安全”“安全生产”“安全生产月”等关键词，或到图书馆查阅安全书籍，储备部分安全知识。

（1）安全生产

安全生产是为了使生产过程在符合物质条件和工作秩序下进行，防止发生人身伤亡和财产损失等生产事故，消除或控制危险、有害因素，保障人身安全与健康，使设备和设施免受损坏、环境免遭破坏的总称。

（2）安全生产管理

安全生产管理是管理的重要组成部分，是安全科学的一个分支。所谓安全生产管理，就是针对人们生产过程的安全问题，运用有效的资源，发挥人们的智慧，通过人们的努力，进行有关决策、计划、组织和控制等活动，实现生产过程中人与机器设备、物料、环境的和谐，达到安全生产的目标。

（3）安全生产目标及安全生产目标管理

安全生产目标是减少和控制危害、事故，尽量避免生产过程中由于事故所造成的人身伤害、财产损失、环境污染以及其他损失。安全生产目标管理是安全生产科学管理的一种方法。根据企业的管理目标，在分析外部环境和内部条件的基础上确定安全生产所要达到的目标并努力实现。

示例：下述为某项目根据实际情况，制定的安全生产目标：①事故发生率小于 3.5‰；②杜绝人身重伤及死亡事故；③事故受伤率小于 2.5‰；④百万元经济损失率小于 1‰；⑤杜绝一次性死亡 2 人以上事故；⑥施工现场文明安全施工达到市绿色文明安全工地标准；⑦工程分包、外部劳务队安全签约率达到 100％。

（4）保证项目

保证项目是检查评定项目中，对施工人员生命、设备设施及环境安全起关键作用的项目。其主要包括：安全生产责任制、施工组织设计及专项施工方案、安全生产专项费用、风险评价管理、安全技术交底、安全检查评价、安全教育培训、应急管理等。

（5）一般项目

一般项目是指检查评定项目中，除保证项目以外的其他项目。如分包单位的管理、持证上岗、生产安全事故处理等。

（6）标志标牌

在施工现场的进出口设置的工程概况牌、管理人员名单及监督电话牌、消防保卫牌、安全生产牌、节能公示牌、文明施工牌、环境保护牌及施工现场总平面图（简称“七牌一图”）。“七牌一图”是文明施工的一个体现，基本内容包括整个工程的相关信息和行为标准，在施工工程中如遇突发情况，可以通过“七牌一图”的内容和相关部门取得联系，妥善解决问题。

（7）临边

临边是施工现场内无围护设施或围护设施高度低于0.8m的平台边、沟、坑、槽、深基础周边等危及人身安全的边沿。

（8）安全生产检查

安全检查是发现不安全行为和不安全状态的重要途径，是消除事故隐患，落实整改措施，防止事故伤害，改善劳动条件的重要方法。

安全检查的内容主要是查思想、查管理、查制度、查现场、查隐患、查事故处理。安全检查的主要形式有：验收性检查、定期检查、专项检查、经常性检查、季节性检查。应依据《市政工程施工安全检查标准》CJJ/T 275—2018、《施工现场机械设备检查技术规范》JGJ 160—2016、《施工现场临时用电安全技术规范》JGJ 46—2005、《建设工程施工现场消防安全技术规范》GB 50720—2011、《建设工程施工安全技术操作规程》等规范进行安全检查。

（9）专项安全施工方案

专项安全施工方案是指在工程建设中，施工单位在施工组织设计的基础上，针对危险性较大的分部分项工程单独编制的安全技术措施文件。

（10）安全生产责任体系

安全生产责任制是根据我国的安全生产方针“安全第一，预防为主，综合治理”和安全生产法规建立的各级领导、职能部门、工程技术人员、岗位操作人员在劳动生产过程中对安全生产层层负责的制度。

实践证明，凡是建立、健全了安全生产责任制的企业，各级领导重视安全生产、劳动保护工作，切实贯彻执行党的安全生产、劳动保护方针、政策和国家的安全生产、劳动保护法规，在认真负责地组织生产的同时，积极采取措施，改善劳动条件，工伤事故和职业性疾病就会减少。

（11）文明施工

文明施工是指保持施工场地整洁、卫生，施工程序合理的一种施工活动。实现文明施工，不仅要着重做好现场的场容管理工作，而且还要做好现场材料、机械、安全、技术、保卫、消防和生活卫生等方面的管理工作。一个工地的文明施工水平是该工地乃至企业各项管理工作水平的综合体现。

（12）安全技术交底

安全技术交底是指导工人安全施工的技术措施，是项目安全技术方案的具体落实。安全技术交底一般由技术管理人员根据分部分项工程的具体要求、特点和危险因素编写，是操作者的指令性文件，因而要具体、明确、针对性强，不得用施工现场的安全纪律、安全检查等制度代替，在进行工程技术交底同时进行安全技术交底，同样实行分级交底制度。

实训2 拟一个项目部准备迎接安全检查的通知。

关于______________安全大检查的通知

3. 实训考评

实训成绩考核表

序号	考核内容	所占分值	自评评分	小组评分	教师评分
1	是否按要求完成了实训内容	10			
2	是否掌握专业术语含义	20			
3	是否准确完成了安全检查的通知	20			
4	是否了解安全检查相关内容、标准	20			
5	实训态度	10			
6	团队合作	10			
7	拓展知识	10			
小计		100			
总评（取小计平均分）					

任务2　常用建设工程安全生产法律、法规及条例的学习

一、案例

策划安全知识竞赛

某项目部计划举办一届关于安全知识的竞赛活动。举办方邀请你作为本次竞赛的命题人，并担任评委。

根据上述任务，你能否给出参赛选手一个竞赛范围，并提供竞赛命题。

建议在本班或小组中预演一下，看看命题效果。

二、实训任务

1. 实训目的

通过本实训任务，学生应掌握建设工程中安全常用的法律法规与条例，并能熟悉部分条文规定。

2. 实训内容及实训步骤

实训日期：______________　　实训成绩：______________

班　　级：______________　　小组成员：______________

实训1　安全知识竞赛命题。

(1) 要求同学们指定竞赛命题范围（表1-2）

表1-2

序号	内容	执行日期	备注
1	《中华人民共和国建筑法》		
2	《中华人民共和国安全生产法》		
3	……		

（2）以小组为单位，请根据表1-3的示例选择1～2种题型作为竞赛题目，每种题型不少于10道竞赛题目。

表1-3

序号	题型	竞赛题目
1	选择题	（1）建设工程安全生产管理，坚持（ ）的方针。（答案：C） A. 预防第一，安全为主 B. 事前预防，事中控制 C. 安全第一，预防为主 （2）我国将每年的（ ）确定为安全生产月。（答案：B） A. 5月 B. 6月 C. 7月 （3）……
2	判断题	（1）拆除工程不需要施工单位资质。（答案：B） A. 正确 B. 错误 （2）……
3	连连看	三类人员 三级安全教育 “三宝” 公司 安全网 项目负责人 项目 施工单位负责人 班组 安全帽 专职安全员 安全带

实训步骤：登录中国人大网（www.npc.gov.cn）、中华人民共和国应急管理部官网（www.mem.gov.cn）、中华人民共和国住房和城乡建设部官网（www.mohurd.gov.cn），下载我国现行的关于安全的法律、法规、管理条例等。

（1）摘录《中华人民共和国建筑法》

第三十六条 建筑工程安全生产管理，必须坚持安全第一、预防为主的方针，建立健全安全生产的责任制度和群防群治制度。

第三十八条 建筑施工企业在编制施工组织设计时，应当根据建筑工程的特点制定相应的安全技术措施；对专业性较强的工程项目，应当编制专项安全施工组织设计，并采取安全技术措施。

第四十条 建设单位应当向建筑施工企业提供与施工现场相关的地下管线资料，建筑施工企业应当采取措施加以保护。

第四十一条 建筑施工企业应当遵守有关环境保护和安全生产的法律、法规的规定，采取控制和处理施工现场的各种粉尘、废气、废水、固体废物以及噪声、振动对环境的污染和危害的措施。

第四十二条　有下列情形之一的，建设单位应当按照国家有关规定办理申请批准手续：

（一）需要临时占用规划批准范围以外场地的；

（二）可能损坏道路、管线、电力、邮电通信等公共设施的；

（三）需要临时停水、停电、中断道路交通的；

（四）需要进行爆破作业的；

（五）法律、法规规定需要办理报批手续的其他情形。

第四十四条　建筑施工企业必须依法加强对建筑安全生产的管理，执行安全生产责任制度，采取有效措施，防止伤亡和其他安全生产事故的发生。

建筑施工企业的法定代表人对本企业的安全生产负责。

第四十五条　施工现场安全由建筑施工企业负责。实行施工总承包的，由总承包单位负责。分包单位向总承包单位负责，服从总承包单位对施工现场的安全生产管理。

第四十六条　建筑施工企业应当建立健全劳动安全生产教育培训制度，加强对职工安全生产的教育培训；未经安全生产教育培训的人员，不得上岗作业。

第四十七条　建筑施工企业和作业人员在施工过程中，应当遵守有关安全生产的法律、法规和建筑行业安全规章、规程，不得违章指挥或者违章作业。作业人员有权对影响人身健康的作业程序和作业条件提出改进意见，有权获得安全生产所需的防护用品。作业人员对危及生命安全和人身健康的行为有权提出批评、检举和控告。

第四十八条　建筑施工企业应当依法为职工参加工伤保险缴纳工伤保险费。鼓励企业为从事危险作业的职工办理意外伤害保险，支付保险费。

（2）摘录《建设工程安全生产管理条例》

第四章　施工单位的安全责任

第二十条　施工单位从事建设工程的新建、扩建、改建和拆除等活动，应当具备国家规定的注册资本、专业技术人员、技术装备和安全生产等条件，依法取得相应等级的资质证书，并在其资质等级许可的范围内承揽工程。

第二十一条　施工单位主要负责人依法对本单位的安全生产工作全面负责。施工单位应当建立健全安全生产责任制度和安全生产教育培训制度，制定安全生产规章制度和操作规程，保证本单位安全生产条件所需资金的投入，对所承担的建设工程进行定期和专项安全检查，并做好安全检查记录。

施工单位的项目负责人应当由取得相应执业资格的人员担任，对建设工程项目的安全施工负责，落实安全生产责任制度、安全生产规章制度和操作规程，确保安全生产费用的有效使用，并根据工程的特点组织制定安全施工措施，消除安全事故隐患，及时、如实报告生产安全事故。

第二十二条　施工单位对列入建设工程概算的安全作业环境及安全施工措施所需费用，应当用于施工安全防护用具及设施的采购和更新、安全施工措施的落实、安全生产条件的改善，不得挪作他用。

第二十三条　施工单位应当设立安全生产管理机构，配备专职安全生产管理人员。

专职安全生产管理人员负责对安全生产进行现场监督检查。发现安全事故隐患，应当及时向项目负责人和安全生产管理机构报告；对违章指挥、违章操作的，应当立即制止。

专职安全生产管理人员的配备办法由国务院建设行政主管部门会同国务院其他有关部门制定。

第二十四条　建设工程实行施工总承包的，由总承包单位对施工现场的安全生产负总责。

总承包单位应当自行完成建设工程主体结构的施工。

总承包单位依法将建设工程分包给其他单位的，分包合同中应当明确各自的安全生产方面的权利、义务。总承包单位和分包单位对分包工程的安全生产承担连带责任。

分包单位应当服从总承包单位的安全生产管理，分包单位不服从管理导致生产安全事故的，由分包单位承担主要责任。

第二十五条　垂直运输机械作业人员、安装拆卸工、爆破作业人员、起重信号工、登高架设作业人员等特种作业人员，必须按照国家有关规定经过专门的安全作业培训，并取得特种作业操作资格证书后，方可上岗作业。

第二十六条　施工单位应当在施工组织设计中编制安全技术措施和施工现场临时用电方案，对下列达到一定规模的危险性较大的分部分项工程编制专项施工方案，并附具安全验算结果，经施工单位技术负责人、总监理工程师签字后实施，由专职安全生产管理人员进行现场监督：

（一）基坑支护与降水工程；

（二）土方开挖工程；

（三）模板工程；

（四）起重吊装工程；

（五）脚手架工程；

（六）拆除、爆破工程；

（七）国务院建设行政主管部门或者其他有关部门规定的其他危险性较大的工程。

对前款所列工程中涉及深基坑、地下暗挖工程、高大模板工程的专项施工方案，施工单位还应当组织专家进行论证、审查。

本条第一款规定的达到一定规模的危险性较大工程的标准，由国务院建设行政主管部门会同国务院其他有关部门制定。

实训 2　安全知识竞赛。

实训要求：(1) 学习委员将各小组竞赛题汇总后形成班级竞赛题目，及评分标准、评分规则；(2) 班长组织，在班级以小组为单位进行安全知识竞赛。

3. 实训考评

实训成绩考核表

序号	考核内容	所占分值	自评评分	小组评分	教师评分
1	是否按要求完成了实训内容	25			
2	实训内容能否实践于竞赛中	15			
3	小组或班级是否进行了预演	20			
4	实训态度	20			
5	团队合作	10			
6	拓展知识	10			
小计		100			
总评(取小计平均分)					

4. 建议

在本任务中，建议老师采用图1-1形式对学生进行考核评价。另外，在实训前老师要对学生进行安全交底、技术交底，将课程思政内容贯穿课堂教学中，如到施工现场教学要求佩戴安全帽、安全带等。

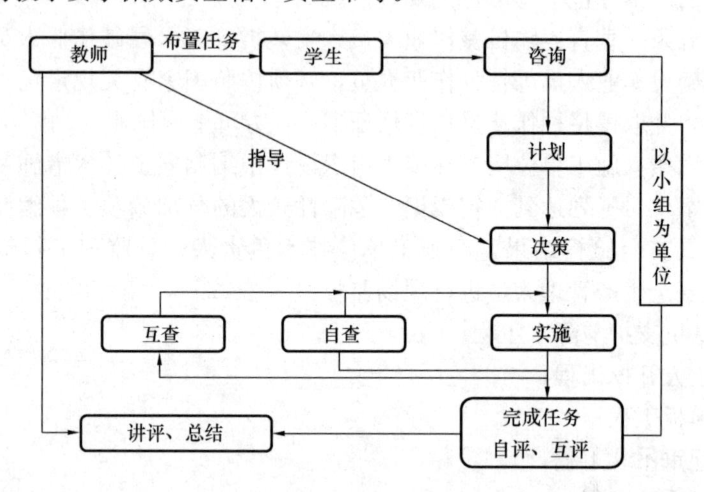

图1-1　教师、学生考评示意图

项目 2　建立安全生产责任体系

安全生产责任制是安全生产的核心，是改进安全状况的根本途径、基本方法和工作平台，是企业中最基本的一项安全制度，也是企业安全生产、劳动保护管理制度的核心。工程参建单位应按照“安全第一，预防为主，综合治理”的方针和“建设单位主导、监理单位督促、施工单位负责”的原则，构建工程项目安全生产责任体系。

安全责任体系主要包括但不局限于：项目安全生产目标、组织管理机构、安全生产条件、安全生产责任及安全生产管理制度等重点内容。

安全生产管理必须坚持“管生产必须管安全”“谁主管谁负责”的原则，坚持全员参与、全面覆盖和全过程管理的原则。

工程参建单位应建立内部安全生产责任体系，依法设立安全生产组织管理机构，完善安全生产管理制度，明确安全生产条件，确定安全考核目标，开展安全检查和隐患排查工作，落实安全生产责任制。

安全生产责任制是安全生产责任体系的重要载体。建设单位应与勘察、设计、施工、监理等单位每年签订一次安全生产责任书。

工程参建单位应落实“一岗双责”要求，细化各岗位职责，按年度层层签订安全生产责任书，并定期组织考核。

在施工过程中，当责任人发生变更时，应重新签订安全生产责任书。

实训主要技能：

1. 安全生产管理目标；
2. 安全生产责任制；
3. 建立安全生产责任体系；
4. 明确施工单位的安全责任及如何落实；
5. 施工企业安全生产基本条件；
6. 施工项目安全人员配置。

任务 1　安全生产责任体系

一、案例

工程概况：某市政道路工程，项目起点位于规划环城西路，桩号为 K0＋000，终点位于阳大公路挖沟桥西侧，桩号为 K3＋000，道路全长 3.0km，道路红线宽度 40m。本项目建设内容主要包括：道路工程、交通工程、给水排水工程、照明、绿化、电力、电信等工程。某施工企业经过投标程序后，中标该项目，施工合同金额为 11501.60 万元。接到任务后，项目部建立完整的安全生产责任体系，主要包括：

1. 成立项目部组织机构

（1）根据公司规定，拟定项目经理（执行经理）、主要管理人员及数量，组建项目经理部。

（2）建立党群组织，开展工作。

（3）建立项目部组织机构，同时明确项目部各岗位职责（图 2-1）。

（4）由企业主要负责人与项目经理签署《项目部责任书》，准备实施工程项目建设。

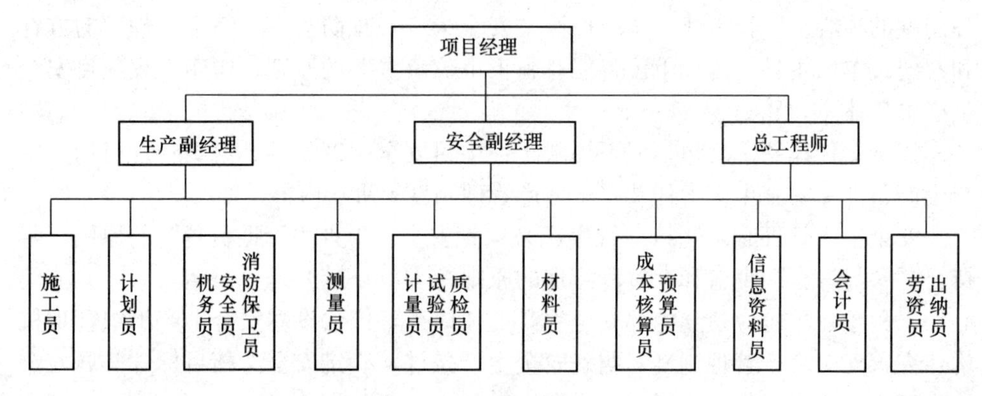

图 2-1　项目部组织机构

2. 建立施工单位安全生产责任体系

（1）根据项目生产领导小组确定的安全生产总目标（一般由建设单位确定），施工企业结合企业自身情况、工程项目特征、施工环境等设定施工项目安全生产目标。具体如下：

1）工亡和重伤事故为零；

2）职业病危害事故、环境污染事故为零；

3）爆炸事故、重大火灾事故、设备事故为零；

4）千人负伤率 5‰；

5）三级安全培训教育率 100%；

6）安全隐患整改率 100%；

7）特种作业人员持证上岗率 100%，特种设备检验合格率 100%；

8）消防设施设备配置及完好率 100%。

（2）成立工程项目部安全生产领导小组。

（3）核实是否满足必要的安全生产条件。

1）施工企业具有安全生产许可证，有法律法规规定的相关资质和资格（图 2-2）。

2）企业主要负责人、项目负责人、专职安全管理人员（称为“三类人员”），及特种作业人员等均应按规定持证上岗（图 2-3）。

3）依据《建筑施工企业安全生产管理规范》与施工合同金额（1 亿元以上的工程不少于 3 人）的有关规定：配备 3 名专职安全生产管理人员。

安全生产许可证

单位名称：
主要负责人：
单位地址：
经济类型：有限责任公司(自然人独资)
许可范围：建筑施工
有效期：2018年2月1日至2021年2月1日
发证机关：

图 2-2　安全生产许可证

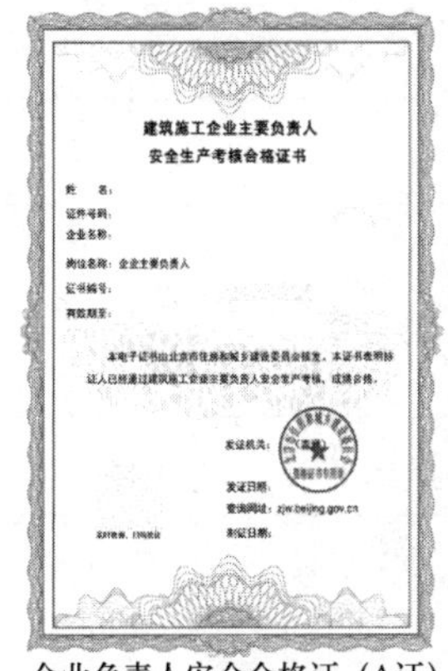
建筑施工企业主要负责人
安全生产考核合格证书

企业负责人安全合格证（A证）

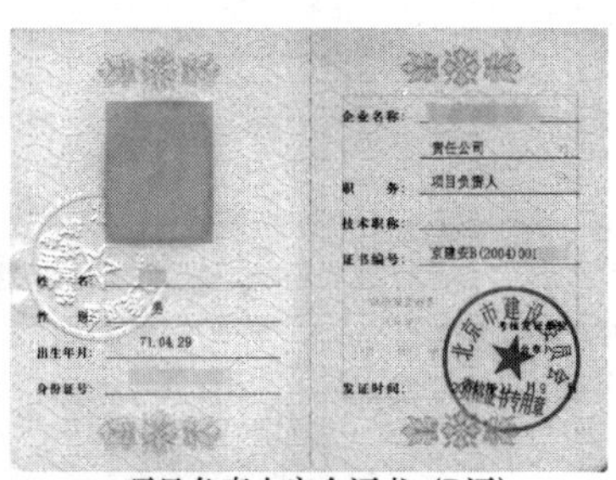
项目负责人安全证书（B证）

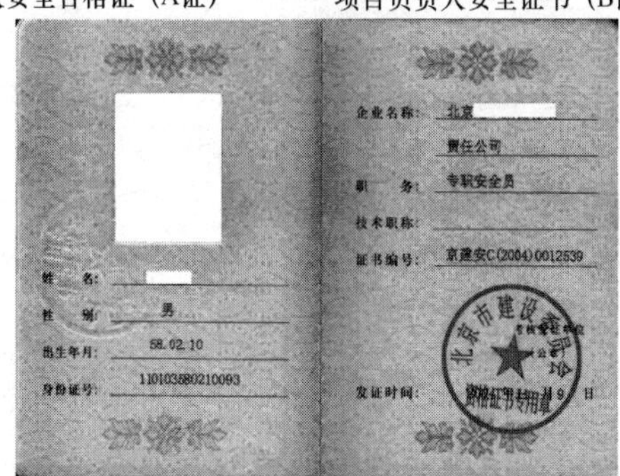
企业名称：北京
责任公司
职　　务：专职安全员
技术职称：
证书编号：京建安C(2004)0012539
性　　别：男
出生年月：58.02.10
发证时间：

专职安全员合格证书（C证）

特种人员操作资格证书

图 2-3　“三类人员”及特种人员资格证书

4）为从事危险作业的人员办理意外伤害险。

5）施工单位内部各岗位签订安全生产责任书。如项目经理、项目副经理、项目总工程师、项目各职能部门、班组长、分包单位等安全生产责任书。

6）分包单位须具有相应的资质，总承包单位与各分包、分供商签订安全生产责任书。

7）对施工现场重大危险源进行识别与公示，针对识别出的危险源制定相应的监控预防措施。

参见表 2-1、表 2-2。

项目重大危险源识别及控制计划表　　　　**表 2-1**

<table>
<tr><td colspan="3">项目名称</td><td colspan="4"></td><td colspan="2">项目编码</td><td colspan="2"></td></tr>
<tr><td>序号</td><td colspan="4">重大危险源名称、场所</td><td colspan="2">风险等级</td><td colspan="3">控制措施要点</td><td>责任部门/人</td></tr>
<tr><td>1</td><td colspan="4"></td><td colspan="2"></td><td colspan="3"></td><td></td></tr>
<tr><td>……</td><td colspan="4"></td><td colspan="2"></td><td colspan="3"></td><td></td></tr>
<tr><td colspan="2">编制</td><td colspan="2"></td><td colspan="2">审核</td><td colspan="2"></td><td colspan="2">批准</td><td></td></tr>
</table>

重大危险源控制措施　　　　**表 2-2**

<table>
<tr><td colspan="3">项目名称</td><td colspan="6"></td></tr>
<tr><td colspan="3">危险源名称</td><td colspan="6"></td></tr>
<tr><td colspan="3">危险源出现的场所与部位</td><td colspan="6"></td></tr>
<tr><td colspan="3">危险源的控制措施</td><td colspan="6"></td></tr>
<tr><td colspan="3">可能导致事故类别及危险程度</td><td colspan="3"></td><td>风险等级</td><td colspan="2"></td></tr>
<tr><td>编制</td><td></td><td colspan="2">审核</td><td></td><td colspan="3">批准</td><td></td></tr>
</table>

8）能确保安全生产费用投入。

9）制定生产安全事故应急救援预案，为应急救援组织或应急救援人员配备必要的应急救援器材、设备。

（4）制度保障落实安全生产责任

码2-1 某项目安全保证体系目录

1）项目部基层党组织对安全生产工作负领导责任，明确项目经理（项目负责人）为项目部安全生产第一责任人，项目部安全总监或安全生产副经理应协助项目经理抓好安全工作，对分管工作范围内的安全生产工作负责。以上通过《××企业安全生产管理办法》明确每个岗位职责与承担的安全生产责任，依据《××企业安全生产责任追究与奖罚标准》追究其安全生产责任。

2）制定了完善的《安全生产管理制度》，如《安全生产责任制及考核制度》

《安全生产专项费用使用制度》等。

小结：安全生产责任体系应至少包含以下五方面的内容：安全生产目标、安全生产组织管理机构、安全生产责任、安全生产条件、安全生产管理制度。

二、实训任务

1. 实训目的

熟悉安全生产目标的内容，及安全生产责任体系构架组成。

2. 实训内容及实训步骤

实训日期：____________________　　实训成绩：____________________

班　　级：____________________　　小组成员：____________________

实训1　以小组为单位，准备一张A4彩色卡纸，手工制作项目部安全管理机构图，并以红头文件下发。

步骤1：依据图2-1，用彩色卡纸制作项目部安全管理机构；

步骤2：制作项目部红头文件（电子版），签发成立专职安全管理机构，见图2-4。

XX市政公司XXX项目
第三合同段项目经理部

［2018］安发14号

关于成立专职安全管理机构的通知

项目部所属部门：

为了全面贯彻实施《安全生产法》，加强安全管理，适应安全生产新形势要求，改进监管方式，依法落实各级安全责任制度，经研究，项目部决定成立专职安全管理机构，全面负责项目部的各项安全生产事务。现将有关事项通知如下：

一、专职安全管理机构

图2-4　专职安全管理机构红头文件

实训2　以小组为单位，模拟项目经理与各部门负责人签订安全生产责任书。

码2-2　项目部部分岗位安全责任制

步骤1：工作准备。组长（项目经理）事先编写安全生产责任书（状），并打印；指定本小组成员为各部门负责人；各部门负责人要核实安全生产责任书中的工作职责。

步骤2：举行签署责任书仪式。项目经理召开专题会议，组织各部门负责人与项目经理签署责任书。

步骤3：教师点评。

步骤4：会后整理、提交实训成果。将上述内容整理成工作成果，成果包括：安全生产目标、安全生产领导小组结构图、安全主要负责人及各部门安全工作职责、安全生产责任书，形成档案资料。

3. 实训考评

实训成绩考核表

序号	考核内容	所占分值	自评评分	小组评分	教师评分
1	是否按要求完成了实训内容	20			
2	是否掌握安全生产责任体系的内容	25			
3	是否掌握施工单位安全生产条件	25			
4	实训态度	10			
5	团队合作	10			
6	拓展知识	10			
小计		100			
总评(取小计平均分)					

任务2 施工单位的安全责任

一、案例

在建设工程施工安全工作中，施工单位都处于主体和核心地位。多数生产安全事故，都会造成施工单位人员伤亡、施工设施损坏。施工单位既是常见的直接责任主体，也是常见的直接受害主体。建筑工程活动，特别是施工作业的本身，不可避免地存在着不同程度的安全风险性、安全事故的多发性和伤害后果。施工安全事故屡发不断、居高不下的普遍原因有：市场行为不规范，主要是指挂靠经营、低价竞争、违法转包与分包等行为；安全生产观念淡薄；安全生产资金投入不足；安全责任制体系不健全；安全教育培训不认真、不及时和不经常；安全管理工作不到位；无证上岗、违章指挥、违章作业乃至冒险施工等。

二、实训任务

1. 实训目的

熟悉施工单位安全生产责任的内容，了解其他参建单位（建设单位、设计单位、监理单位）的安全生产责任。

2. 实训内容及实训步骤

实训日期：＿＿＿＿＿＿＿＿＿＿　　实训成绩：＿＿＿＿＿＿＿＿＿＿

班　　级：＿＿＿＿＿＿＿＿＿＿　　小组成员：＿＿＿＿＿＿＿＿＿＿

实训1：认真阅读以下材料，列举建设单位在工程安全生产管理方面常出现的违规问题。

阅读材料：在建设活动中，建设单位必须认真履行其在建设活动中的安全责任。

（1）应将建设工程的勘察、设计、施工、监理以及由建设单位负责的材料和设备供应工作，发包或委托给具有相应资质等级和能力的正规单位，不要交给资质和能力不够的单位或非法的个体承包者。

（2）应当向施工单位提供包括地下管线、气象、水文观测以及相邻建、构筑物和地下工程的真实、准确、完整的资料。以便能够采取相应的措施加以保护，避免在施工中出现挖断管线、损伤地下设施和四周相邻建筑物的事故。

（3）在编制工程概算时，应当将确保建设工程具有安全作业环境和采取安全施工措施所需的费用纳入其中，作为工程总造价的组成部分，以确保施工安全的需要。当建设单位因在工程总造价中未予考虑或有意压缩这笔费用而不予支付或少付时，应对由此而产生的后果承担相应的责任。

（4）应当严格要求施工单位认真编制工程施工安全技术措施，工程监理单位认真审查。对于重大的施工安全技术措施的可行性及其相应所需费用，建设单位应组织专家对其进行审查和评估，做出决定，并按《建设工程安全生产管理条例》规定，向建设行政主管部门或其他有关部门报送备案。当施工安全措施费用突破工程的概算费用时，应及时解决。否则，应对由此产生的后果承担相应的责任。

（5）不得依仗建设单位的主导地位和权力，提出违反法律、法规、强制性标准与合同规定的要求，不得明示、暗示，甚至强令施工单位使用不符合安全要求的设备和器材。否则，应对由此产生的后果承担相应的责任。

实训 2：台词设计、情景教学。结合实训 1，小组成员表演以下情景（表 2-3）：如果建设单位要求施工单位做出一些违规行为，作为施工单位的安全负责人应如何解决？

表 2-3

情景任务		表演者 1(建设单位)	表演者 2(施工单位)	点评行为是否得当（教师、学生）
1	施工单位完全执行	台词：……	台词：……	
2	施工单位完全拒绝执行	台词：……	台词：……	
3	施工单位委婉拒绝执行，并据理指出该行为的危害性	台词：……	台词：……	

步骤 1：通过阅读下述材料与学习视频（码 2-3），明确施工单位的安全责任。

码2-3 安全生产责任制

阅读材料：《建设工程安全生产管理条例》对施工单位的安全责任如下：

第一部分：按照施工单位安全生产工作的总体要求确定的责任。

（1）依法取得资质和承揽工程；

（2）配备安全生产管理人员；

（3）建立健全安全生产制度和操作规程；

（4）确保安全费用的投入和合理使用；

（5）对管理和作业人员实行安全教育培训考核，使其持证上岗；

（6）明确安全生产涉事者的全面、主要和连带责任；

（7）对使用安全防护用品和施工机具设备的安全管理；

（8）办理意外伤害保险；

（9）进行定期和专项安全检查。

第二部分：按照工程项目施工安全工作的基本要求确定的责任。

（1）编制安全措施和专项方案；

(2) 创建安全文明施工现场；

(3) 进行安全技术交底；

(4) 起重机械和架设设施验收；

(5) 安全作业等安全责任规定。

步骤 2：根据情景，设计表演台词。

步骤 3：以小组为单位进行现场表演。

步骤 4：同学们对台词、演出现场评判，评出小组最佳台词奖、最佳表演奖。

步骤 5：教师对同学们的表演内容进行点评，落实施工单位安全责任的措施。

3. 实训考评

实训成绩考核表

序号	考核内容	所占分值	自评评分	小组评分	教师评分
1	是否按要求完成了实训内容	35			
2	是否掌握施工单位安全责任	25			
3	实训态度	10			
4	团队合作	20			
5	拓展知识	10			
小计		100			
总评(取小计平均分)					

项目3　绿色（文明）施工

1. 概念

绿色施工是指工程建设中，在保证质量、安全等基本要求的前提下，通过科学管理和技术进步，最大限度地节约资源并减少对环境负面影响的施工活动，实现“四节一环保”（节能、节地、节水、节材和环境保护）目标，实现可持续发展的施工技术。

文明施工是指保持施工场地整洁、卫生，施工组织科学，施工程序合理的一种施工活动。文明施工更强调做好现场的场容管理工作，现场材料、机械、安全、技术、保卫、消防和生活卫生等方面的管理工作。

综上，绿色施工涉及领域较广泛，它包含文明施工的一切内容（图3-1）。本书中绿色施工主要包括施工现场文明施工、施工场地的环境保护（大气、噪声、水污染）、施工周边区域的安全保护、对古树、名木与文物保护，另外还介绍了部分能源消耗、材料与资源，施工现场环境卫生管理等。绿色施工可理解为文明施工与节能、节地、节水、节材的总和。

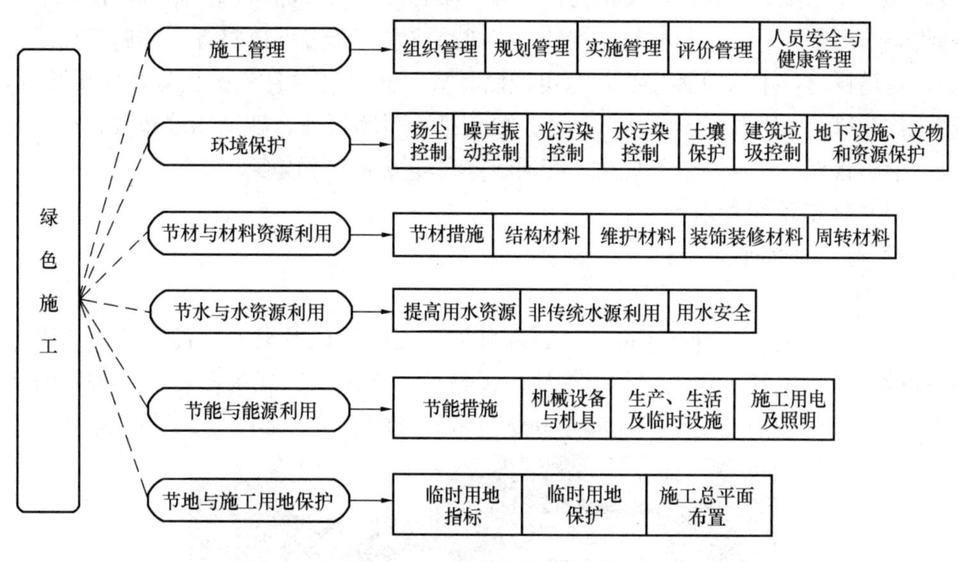

图3-1　绿色施工内容

2. 绿色（文明）施工目标

（1）“四节一环保”：节能、节地、节水、节材和环境保护。

（2）施工现场控制扬尘6个100％：施工工地周边100％围挡；现场物料堆放100％覆盖；施工现场地面100％硬化；现场出入车辆100％冲洗；拆迁工地100％湿法作业；渣土车辆100％密闭运输。

3. 实训主要技能

(1) 熟悉绿色文明内涵；

(2) 了解绿色文明施工主要内容；

(3) 掌握施工总平面布置的基本要求及内容；

(4) 掌握现场环境的日常检查与管理，采取适当措施进行环境保护；

(5) 掌握职业健康安全教育，设置职业病危害警示标识及相关要求。

4. 绿色（文明）施工综合案例

工程概况：某市政道路工程，项目起点 K0+000，位于规划环城西路，终点 K3+000，位于阳大公路挖沟桥西侧，道路全长 3.0km，道路红线宽度 40m。本项目建设内容主要包括：道路工程、交通工程、给水排水工程、照明、绿化、电力、电信等工程。某施工企业经过投标程序后，中标该项目，施工合同金额为 11501.60 万元。

实施方案：

项目部对文明施工高度重视，要求全员在施工管理过程中不仅要在安全、质量方面狠下功夫，同时也要在文明施工方面严格要求，以文明施工促进施工管理水平的全面提升，达到有效推行企业品牌战略、承担社会责任的目的。

施工项目部为扎实推进施工安全文明标准化工作，结合《××市建设工程施工安全文明标准化管理手册》，进行安全文明标准化施工。主要满足以下要求：①有整套的施工组织设计（或施工方案）；②有健全的施工指挥系统和岗位责任制度；③工序衔接交叉合理，交接责任明确；④有严格的成品保护措施和制度；⑤临时设施布局合理；⑥各种材料、构件、半成品按平面布置堆放整齐；⑦施工场地平整，道路畅通，排水设施得当，水电线路整齐；⑧机具设备状况良好，使用合理，施工作业符合消防和安全要求。具体主要包括：封闭管理、施工场地布置、材料管理、消防管理、现场办公与住宿、交通疏导、环境保护等内容。

(1) 施工现场管理

1) 施工现场平面布置

① 选址

在现场踏勘后，避开了高边坡、深基坑、高挡墙以及易发生泥石流、山洪等危险的区域；避开了取土、弃土场地，污染源的下风口；现场测量后发现临时用房与相邻高压线的安全距离能满足安全技术规范的规定，如图 3-2、图 3-3 所示。

图 3-2 项目部选址

图 3-3　混凝土拌合站

② 施工场地布置

施工场地布置主要指的是生产区、办公区与生活区的总平面布局，主要工作是确定临建设施（施工现场出入口、围挡、临时道路；给水排水管网；配电线路；施工现场办公用房、生活用房、材料堆放及库房、可燃及易燃易爆危险物品存放场所、加工车间、固定动火作业场、主要施工设备存放区等；临时消防车道、消防救援场地和消防水源）的位置。

施工场内应划分办公区、生活区、施工区。施工区又分作业区、加工区、材料堆放区；办公区、生活区应与施工区隔离分开，各区应设有明显的指示标牌（图 3-4）。

图 3-4　分区指示标牌

2）封闭管理

① 大门

结合属地文明施工标准化，项目合同工期在 3 个月以上且中标价 5000 万以上的市政工程，应设置门楣式大门，如图 3-5 所示。

图 3-5　门楣式大门

② 门卫系统

合同工期在 3 个月以上且中标价 5000 万以上的市政工程，在主要路口设置了门卫系统（图 3-6）。

图 3-6　门卫系统

③ 围挡

本项目位于市区主要路段，工地设置了高于 2.5m 的围挡，并沿工地设置连续封闭围挡，必要时才开通临时通道（图 3-7）。

彩钢板+钢立柱实体围挡（正面）

彩钢板+钢立柱实体围挡（背面）

图 3-7　围挡

3）交通疏导

为满足施工工作面条件和施工技术规范要求，确保施工区域作业和机动车辆行车的安全，在行车道上游设明显统一的导向警示标志，满足与现有交通状况基本相同的交通线路。经与当地交警部门协商许可后，在围挡外醒目位置设置了交通疏导示意图及指示标志，指引周边居民有序通过交通导改路段（图 3-8）。

4）安全文明牌

① 在施工现场大门右侧围挡外墙靠近门柱位置张贴了施工许可证公示牌(图 3-9)。

② 在施工现场入口处设置了“七牌一图”（图 3-10）。

③ 还在施工现场适当位置布置了其他宣传图牌，如节能公示牌、廉政制度牌、农民工工资监控制度牌、公共突发事件应急处置流程图、临时用电平面布置图、安

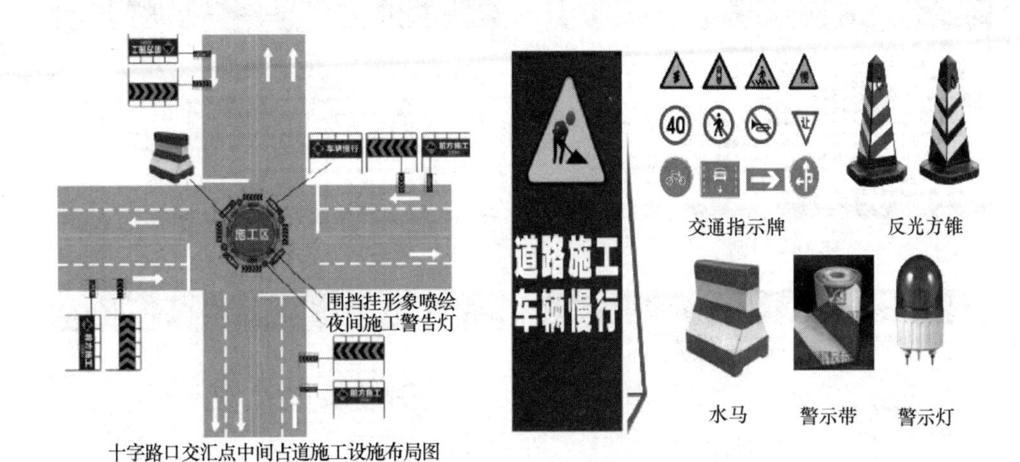

图 3-8　交通疏导指示牌

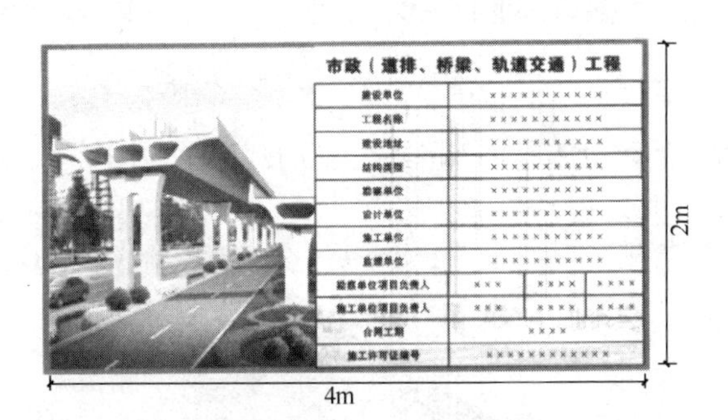

图 3-9　施工许可证公示牌

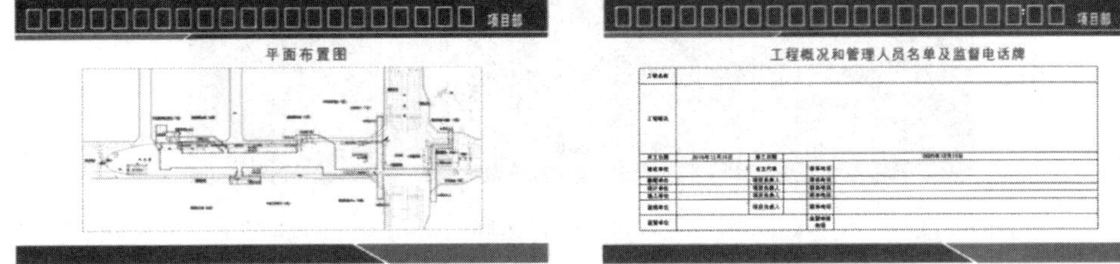

平面布置图　　工程概况和管理人员名单及监督电话牌

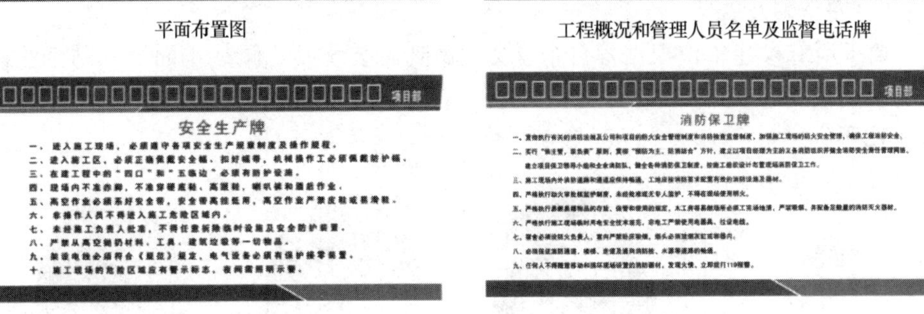

安全生产牌　　消防保卫牌

图 3-10　七牌一图（一）

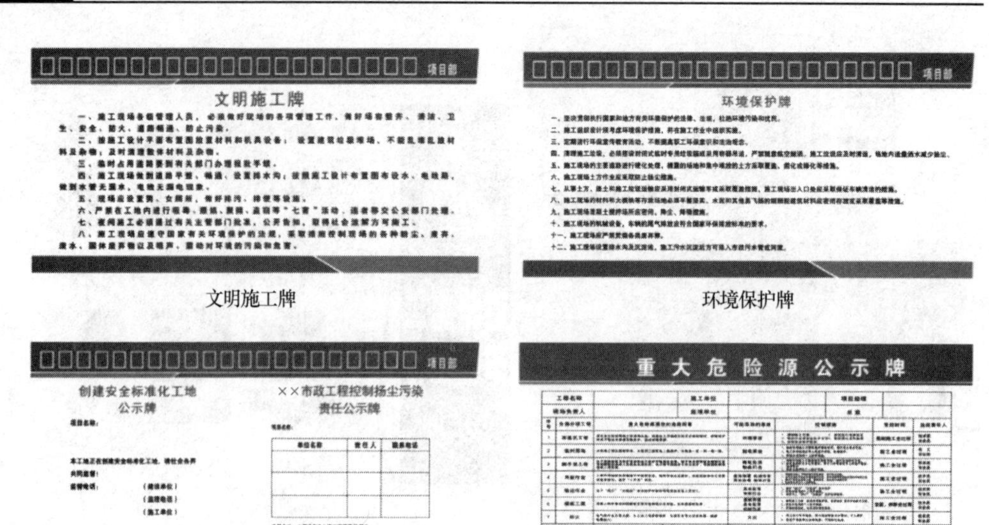

文明施工牌　　环境保护牌

创建安全标准化工地公示牌、控制扬尘污染责任公示牌　　重大危险源公示牌

图 3-10　七牌一图（二）

全标识平面布置图、消防设施平面布置图、消防疏散平面图等，如图 3-11 所示。

图 3-11　宣传图牌

5）安全帽及着装

要求所有参建单位根据各自企业文化做到着装统一，佩戴正面统一贴企业标志和中文简称的安全帽，安全帽必须是符合国家或行业标准的合格产品，如图 3-12所示。

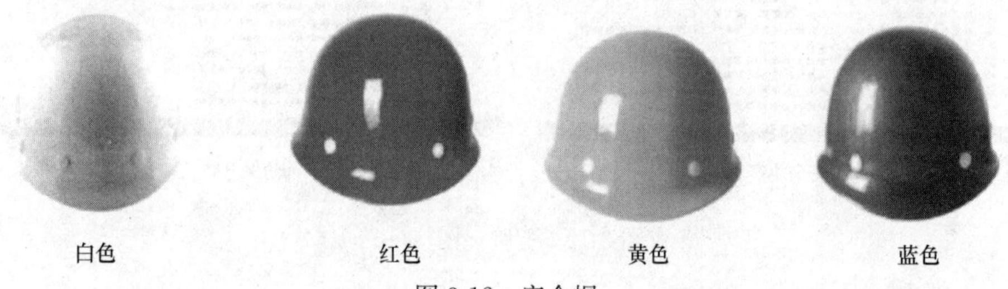

图 3-12　安全帽

（2）办公区与生活区管理

办公区、生活区与施工作业区区域采取隔离措施进行了明显划分，并在场区设置导向、警示、定位、宣传等标识。办公区、生活区中各栋房屋满足消防要求，按要求设置了消防通道、疏散楼梯、消防设施等，如图 3-13 所示。

图 3-13　办公区、生活区效果图

1）办公区：主要包括项目部办公室、会议室、旗杆、旗台、美化办公环境等。

① 项目部办公室

项目部办公室应配置办公桌椅、资料柜，墙上应悬挂岗位职责图牌。管理人员办公室内应安装双制空调，财务室等重要办公室设置防盗系统，如图 3-14 所示。

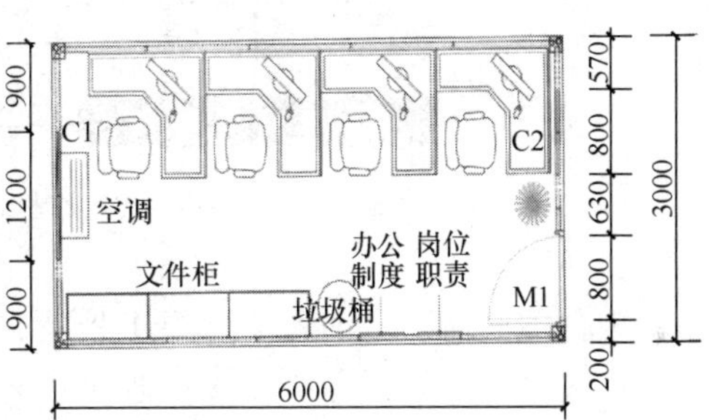

图 3-14　办公室布置效果图及室内布置平面图

② 项目部会议室

项目部会议室按不小于 $30m^2$ 设置，兼作农民工业余学校使用，如图 3-15 所示。

图 3-15　会议室内部布置图

③ 项目部旗杆、旗台

旗杆和旗台应布置在现场入口等醒目部位，旗杆应采用不锈钢管焊接。旗台采用可周转定型化的方钢或角钢焊接、螺栓连接而成，基座外露面干挂暗红色仿石材，如图 3-16 所示。

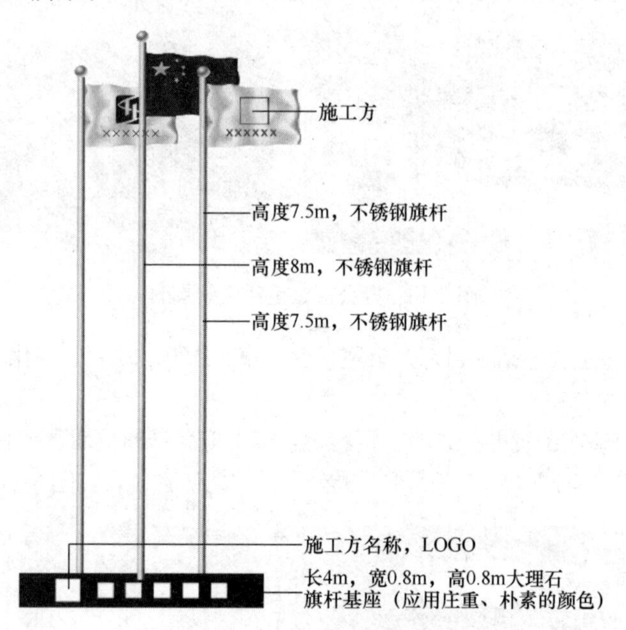

图 3-16　旗杆、旗台示意图

④ 美化办公环境

根据现场情况，创建“海绵工地”。办公区、生活区、施工区通过暗沟、明沟、植被草沟、下凹绿地、透水地坪、土体内暗埋收水花管、土工布等途径收集雨水，再流经级配砂石滞留过滤层，最后汇集于蓄水池，用于降尘喷淋系统洒水降尘、浇灌植被等重复利用，如图 3-17 所示。

图 3-17　级配碎石滞留过滤池、生态蓄水池及植被草沟

2）生活区：主要包括宿舍、浴室、卫生间、洗漱间（盥洗池）、食堂。

① 宿舍

在房间内设置了生活用品专柜、鞋架、垃圾桶、消防器材等设施，如图 3-18 所示。

② 浴室

根据施工高峰人数确定浴室面积，如图 3-19 所示。

图 3-18 宿舍

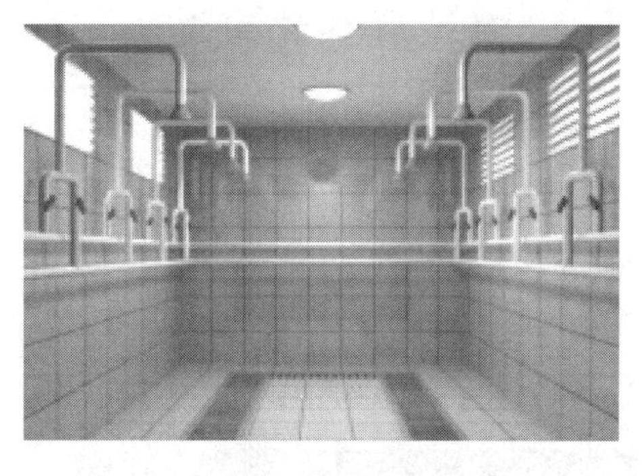

图 3-19 浴室

③ 卫生间

卫生间地面采取防滑措施，化粪池应进行防渗漏处理并及时清掏；卫生间应专人清理、消毒，与办公区、食堂、宿舍距离应符合规范要求，如图 3-20 所示。

图 3-20 卫生间及玻璃钢化粪池

④ 洗漱间（盥洗池）

施工现场应设置洗漱间（盥洗池），水龙头与人员比例宜为 1∶20，水龙头间距不宜小于 700mm；水龙头应采用节水器具，并设置节水标志；洗漱池应设置公用洗衣机，并有专人负责管理。冬季洗漱池给水排水管道和设施应采取防冻措施，如图 3-21 所示。

⑤ 食堂

施工现场设置了食堂，其搭设材料符合环保和消防要求，并远离卫生间、垃圾站、有毒有害污染源。项目部办理了《餐饮服务许可证》，炊事人员体检后持《健康证》上岗，并悬挂于明显位置；食堂宜采用单层结构，顶棚应采用 PVC 等材料吊顶，地面采用防滑措施；食堂应设置隔油池，并及时清理，如图 3-22所示。

图 3-21 洗漱间

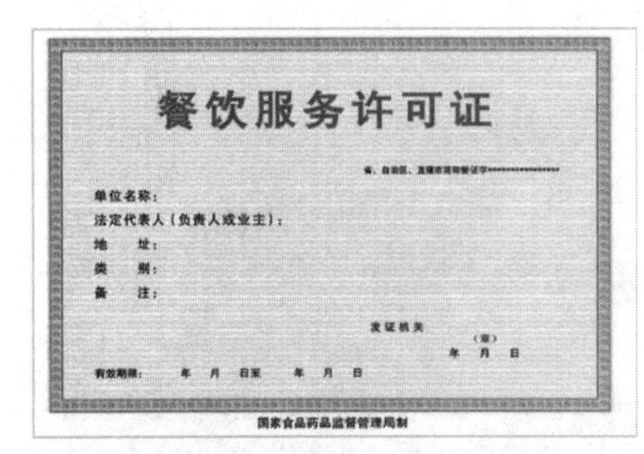
餐饮服务许可证

单位名称：
法定代表人（负责人或业主）：
地　址：
类　别：
备　注：

发证机关
（章）
年　月　日

有效期限：　年　月　日至　年　月　日

国家食品药品监督管理局制

餐饮服务许可证

XX省从业人员预防性健康检查合格证明

姓名：　性别：　年龄：
有效期限：
至：
编号：
发证机构：福安市疾病预防控制中心

注：本证适用于食品、生活饮用水、公共场所、化妆品、消毒产品等行业从业人员

健康证

食堂操作间

餐厅

图 3-22　食堂管理

(3) 施工区管理

1) 硬化处理

施工便道保持畅通，路面平整坚实，施工现场的主要道路、出入口和材料加工区地面进行硬化处理，如图 3-23、图 3-24 所示，平常多洒水，防止扬尘。

图 3-23　水泥稳定碎石施工便道

图 3-24　场区硬化

2) 材料管理

① 钢筋加工棚

本项目采用了可周转式钢筋加工棚。首先加工场地地面采用混凝土地面硬化，然后在顶部设置了双层硬质防护，并且在棚顶四周张挂安全警示标识和安全宣传用语的横幅，横幅宽度为 750mm；最后在醒目处张挂了操作规程图牌。搭设具体尺寸应依据设计计算并结合现场调整，如图 3-25、图 3-26 所示。

图 3-25 钢筋加工场

图 3-26 周转式钢筋加工棚

② 材料存放

在现场临时存放的物资、各类成品、半成品需要分类有序堆放，并悬挂标识牌，如图 3-27 所示。

管材堆放

脚手架堆放

钢筋原材料堆放

钢筋半成品堆放

图 3-27 材料堆放（一）

水泥堆放

模板堆放

图 3-27　材料堆放（二）

③ 临边防护（图 3-28）

排水三级沉淀池

检查井口临边防护

沟槽开挖临边防护

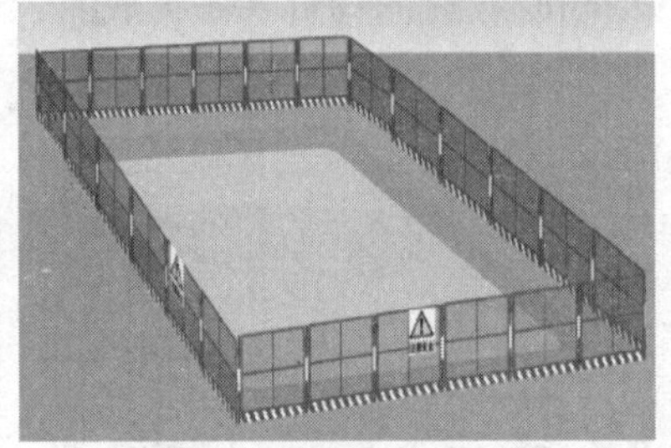

泥浆池防护

图 3-28　临边防护

④ 安全体验馆（图 3-29）

图 3-29　安全体验馆

(4) 安全监控

在施工现场的主要路口、大门口、工地四周制高点、钢筋加工场等处，建立视频监控，做到施工作业场所全覆盖，如图 3-30 所示。监控室 24 小时有专人值班，并与相关管理部门监控平台联网。

图 3-30 安全监控

(5) 消防管理

1) 消防设施布置图（图 3-31）

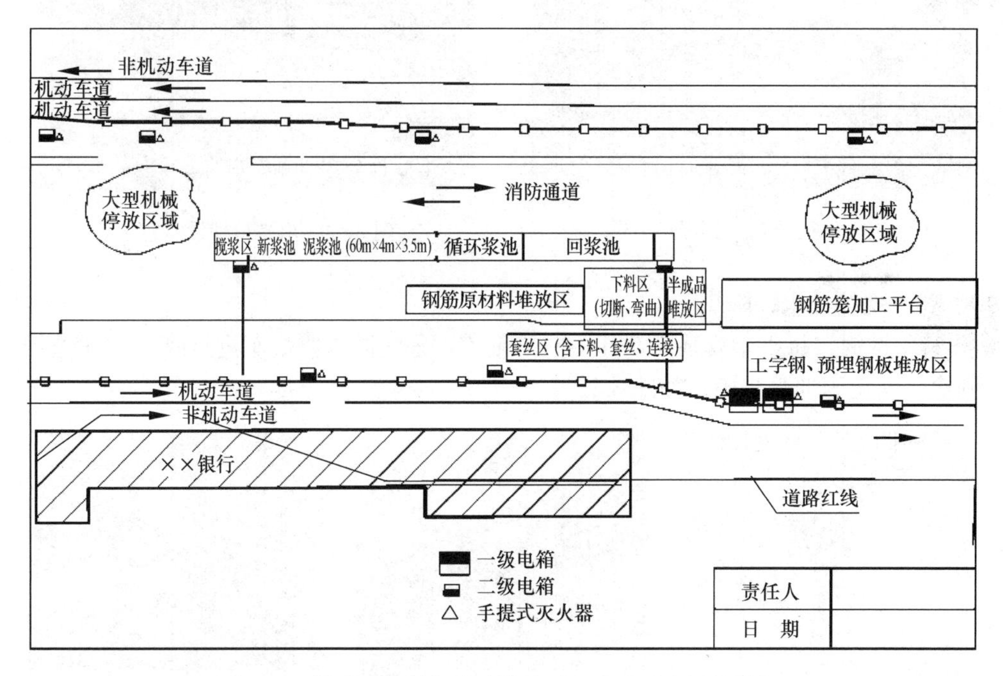

图 3-31 某项目材料与消防设施平面布置示意图（局部）

2) 现场防火

① 在施工现场建立和执行现场消防和危险物品管理制度，制定了消防措施；

② 根据消防设施布置图，在现场设置消防设施（图 3-32）。

(6) 环境保护

1) 门前清洁

① 场地大门出入口设置自动洗车平台，车辆通过平台时进行自动冲洗，如图 3-33 所示。

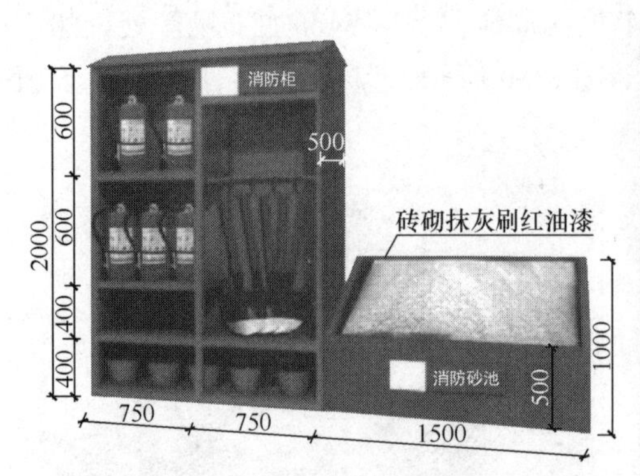

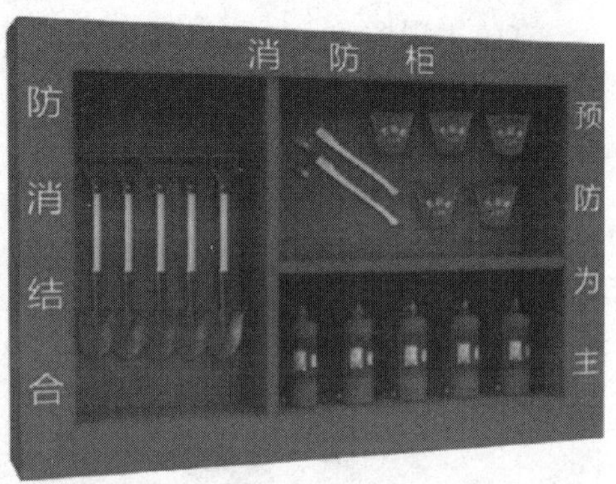

图 3-32　消防设施（单位：mm）

② 所有车辆出入口铺设草帘或土工布，严禁带泥上路，如图 3-34 所示。

图 3-33　洗车台

图 3-34　出入口铺设草帘子

2）现场抑尘、降噪

① 按规定每千米安装 1 套环境监测系统，采用防尘雾炮车进行降尘，并进行洒水、固化等抑尘措施，如图 3-35 所示。

图 3-35　扬尘监测系统、防尘雾炮车、洒水车

② 渣土运输车辆必须采用符合环保要求的全密闭智能顶盖渣土车，如图 3-36 所示。

3）土方苫盖

① 现场风力达到四级以上时，应停止易产生扬尘的施工。

② 市政工程施工现场土方宜集中堆放，堆放高度原则上不得超过围挡，防止扬尘扩散至场地外。

图 3-36 全密闭智能顶盖绿色环保渣土车

③ 长期堆放的小型土方，暂不作业的裸露场地和集中堆放的土方应采取苫盖、固化等措施；存放时间不超过 3 天的土方，应苫盖严密并及时清运，如图 3-37所示。

④ 白灰等易飞扬的细颗粒散体材料，应密闭存放，不能密闭的可用彩条布进行苫盖，粉尘材料须入库存放。

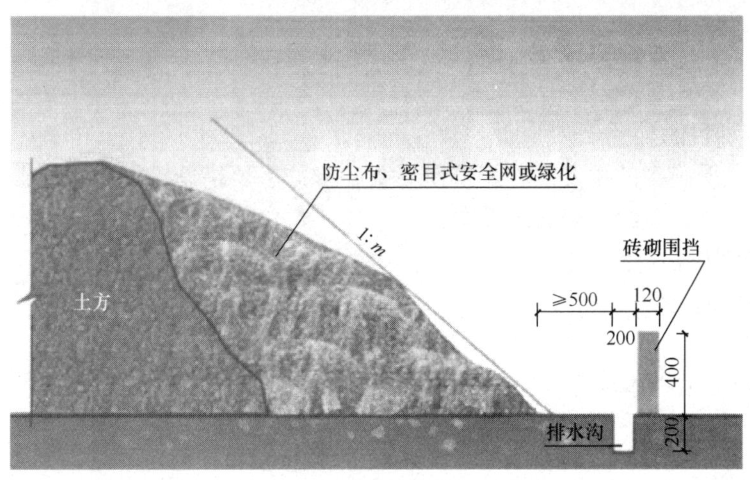

图 3-37 土方苫盖（单位：mm）

⑤ 砂石材料应分开堆放在料池中，表面用防尘网进行覆盖，禁止敞开堆放。

4）水污染防治

① 搅拌机前台、混凝土输送泵及运输车辆清洗处应当设置沉淀池，废水不得直接排入市政污水管网，经二次沉淀后循环使用或用于洒水降尘。

② 现场存放油料，必须对库房进行防渗漏处理，储存和使用都要采取措施，防止油料泄漏，污染土壤、水体。

③ 施工现场食堂，应设置简易有效的隔油池，加强管理，指定专人负责定期掏油。

（7）职业健康

1）施工现场应在易产生职业病危害的作业岗位和设备、场所设置警示标识或警示说明。

2）深井、地下隧道、管道施工、地下室防腐、防水作业等不能保证良好自然通风的作业区，应配备强制通风设施。

3）在粉尘作业场所，应采取喷淋等设施降低粉尘浓度，操作人员应佩戴防尘口罩；焊接作业时，操作人员应佩戴防护面罩、护目镜及手套等个人防护用品。

4）高温作业时，施工现场应配备防暑降温用品，合理安排作息时间。

（8）节地、节能、节水、节材

码3-1 文明施工

通过合理布置施工现场、控制临时用地指标、做好临时用地保护等来实现节地；在本项目施工现场采取了使用太阳能热水器、太阳能路灯，用油、电、气计量管理等措施，实现节能减排；在节水方面，建立了雨水、基坑降水收集系统。通过基坑降水沉淀、雨水回收，将水体收集至三级沉淀蓄水池，经加压泵加压，用于卫生间冲洗、洒水车、喷淋设施、自动冲车设备、消防用水，实现基坑降水、雨水循环利用，达到降尘、环保、循环使用、节约用水、降低成本等效果。在节约材料方面则是尽可能多使用装配式设施或预制构件，如装配周转式围挡、周转模板、箱式活动房等。

任务1　文明施工主要内容

1. 实训目的

熟悉文明施工的主要内容，掌握文明施工的主要措施、方法，能够组织现场文明施工检查，能绘制交通疏导图。

2. 实训内容及实训步骤

实训日期：________________　实训成绩：________________

班　　级：________________　小组成员：________________

实训1　依据本项目综合案例，列举文明施工的主要内容。

（1）________________________；

（2）________________________；

（3）________________________；

(4) ______________________________;

(5) ……

实训2　公司安全部门负责人计划对某项目进行文明施工检查，要求你提前准备文明施工检查评分表。请同学们根据表3-1的示例，补充完整表3-1，如果条件允许，老师带同学们到施工现场进行检查评分。

文明施工检查评分表　　　　**表3-1**

序号	检查项目	扣分标准	应得分数	扣减分数	实得分数
1	现场围挡	(1) 市区主要路段的施工现场未设封闭围挡，扣10分；围挡高度低于2.5m，扣1～3分 (2) 一般路段的施工现场未设封闭围挡，扣10分；围挡高度低于1.8m，扣1～3分 (3) 围挡基础不坚固，扣5分 (4) 围挡立面不顺直、不整洁、不美观，扣5分	10		
2	封闭管理	(1) 施工现场出入口未设置大门，扣10分 (2) 大门未设置门卫值班室，扣5分 (3) 施工现场未建立门卫值守制度或无门卫值守人员，扣5分 (4) 施工机械、外来人员未实行出入登记管理，随意进出施工现场，扣5分 (5) 施工人员进入施工现场未佩戴工作卡或其他有效证件，每人次扣2分	10		
3	施工场地	……	……	……	……

步骤1：阅读《市政工程施工安全检查标准》CJJ/T 275—2018中3.2文明施工，了解文明施工的规定。

码3-2　施工现场检查

步骤2：根据《市政工程施工安全检查标准》CJJ/T 275—2018中表B.2文明施工检查评分表，将检查项目内容填入表3-1中。

步骤3：根据实训视频（码3-2）或到实训现场进行文明施工检查，按表3-1打分，完成文明施工检查。

实训3　用A4彩色卡纸制作“七牌”制度。

步骤1：以小组为单位，要求小组成员每人要完成“一牌”，并配有公司名称与标志。

步骤2：经讨论后确定小组统一模板，用A4纸统一制作“七牌”制度。

实训4　在市政项目施工，难免会导致现有交通状况发生变化，影响通行。为确保施工区域作业和机动车辆行车的安全，需在行车道上游设明显的统一的导向警示标志，来满足与现有交通状况基本相同的交通线路的安全要求，还要编写交通导行施工方案。请同学们阅读下述材料，按照示例（码3-3），用AutoCAD绘制交通疏导平面布置图。

码3-3 交通导行CAD图

阅读材料：交通疏导应符合下列规定：

(1) 工程施工应尽量避开交通高峰，确需限制车辆行驶或者实行交通管制的，须报公安交通管理部门批准，并事先进行公告，施工时要在适当位置设置临时交通管制告示牌和交通导向标志。

(2) 占路施工工程，应按规定在施工路段的两端点或路段的交叉路口，设置公安交通管理部门规定的车辆禁行或限速、车辆导流、行人导流等警示标志（牌）灯。警示标志应设置在不妨碍行人和车辆通行的醒目处，并应顺车流方向从上游开始布置。

(3) 在每个占路施工路段两端的围挡或施工路段端点上，施工单位应安置夜间通行警示灯或具有反光工程的警示设施。使用定型化施工路栏的，应在通行道路一侧增设警示灯，确保行人和车辆通行安全。

(4) 占路施工搭设防护棚架、防护架或脚手架等，应挂设明确限高、限宽或限速的标志、标牌。

(5) 夜间、雾霾天气，须在作业区域边界上方设置警示闪灯，相邻灯距不得大于4m。

3. 实训考评

实训成绩考核表

序号	考核内容	所占分值	自评评分	小组评分	教师评分
1	是否按要求完成了实训内容	20			
2	是否掌握文明施工的内容	25			
3	是否能进行文明施工检查	25			
4	实训态度	10			
5	团队合作	10			
6	拓展知识	10			
小计		100			
总评(取小计平均分)					

任务2 生活区、办公区管理

1. 实训目的

熟悉文明施工中生活区、办公区安全管理内容；能合理布置生活区、办公区，并绘制现场平面布置图；会布置项目部会议室；会对生活区、办公区进行安全检查。

2. 实训内容及实训步骤

实训日期：____________ 实训成绩：____________

班　　级：____________ 小组成员：____________

实训1 同学们参观在建项目后会发现现场临时设施包括：办公室、会议室、宿舍、食堂、卫生间、盥洗设施、淋浴间、开水房、工人休息室等。生活区、办公区须统筹安排，合理布局，并满足安全、消防、卫生防疫、环境保护、防汛、防洪等要求。临建设施宜采用可整体吊运的箱式活动房，参考尺寸：长 6000mm × 宽 3000mm × 高 2700mm；也可采用 K 式活动板房（码 3-4）。

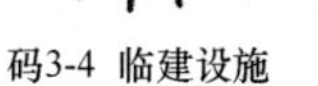

码3-4 临建设施

码3-5 某项目办公区生活区平面图

要求：当前某项目部有常驻项目管理人员 40 人，常驻施工工人 160 人。结合施工现场情况，参考表 3-2、示例（码 3-5），用 AutoCAD 画出办公区、生活区临时建筑平面布置图（A2 图纸）。

施工现场办公、生活临时设施的建设标准　　表 3-2

序号	用途	内容	达到的标准（m^2/人）
1	办公室	按施工管理人数，每人配备 1 个文件柜，技术资料、文件宜归类存放，并保持室内清洁卫生	4
2	会议室	50～80m^2	
3	宿舍	按高峰年(季)现场居住施工人平均数，每间居住人员不得超过 16 人，通道宽度不小于 0.9m，床铺不得超过 2 层。宿舍人均面积不得小于 2.5m^2	2.5
4	食堂	按就餐职工人均数设置	0.5～0.8
5	浴室	浴室设置喷头数量按照与现场人员比例 1∶20 设置，且不少于 10 个，保证喷头间距不小于 900mm，喷头采用节水龙头。采用防溅、防爆式灯具，高度不低于 2.5m，地面采取防滑措施；分离设置了淋浴间与更衣室	0.07～0.1
6	卫生间	必须设置水冲式卫生间或移动式卫生间，卫生间大小按高峰年平均施工人数设计	0.02～0.07
7	医务室	按高峰年平均施工人数考虑	0.05～0.07
8	开水房	6～15m^2	
9	工人休息室	按高峰年平均施工人数考虑	0.15

实训 2　在教室模拟项目部会议室布置或以组为单位进行项目部会议室布置技能竞赛。

要求：(1) 会议室应悬挂企业标识、管理方针、管理目标、组织机构、质量保证和安全保证体系、工程进度表、工程量完成表、项目效果图，应严格按照会议室平面布置图悬挂；(2) 施工现场会务接待时，应摆放桌签、便签、水杯、铅笔等用品；(3) 会议室应设置手机静音、节约用电等温馨提示；(4) 会议室工程效果图标牌的尺寸为：宽 2000mm×高 1200mm 或根据实际情况等比例缩放；

（5）管理目标标牌、组织机构图标牌、质量保证和安全保证体系图、工作量完成表标牌、工程进度表标牌、管理方针标牌等的尺寸为：宽1500mm×高1000mm，或根据实际情况等比例缩放；（6）应在办公场所或通道等醒目位置悬挂倒计时牌，显示公历日期、星期、温度、时间等信息，并显示距竣工所剩时间。

码3-6 会议室布置

步骤1：以小组为单位，先讨论策划方案，绘制会议室布置示意图；提前布置好有关会议室，包括悬挂企业标识、管理方针、管理目标、组织机构、质量保证和安全保证体系、工程进度表、工程量完成表、项目效果图等内容；实训时间1周。

步骤2：每组借用学校教室一个，按照计划方案进行现场布置。

步骤3：组成裁判小组，进行评审。

3. 实训考评

实训成绩考核表

序号	考核内容	所占分值	自评评分	小组评分	教师评分
1	是否按要求完成了实训内容	20			
2	是否掌握生活区、办公区的文明施工的要求	25			
3	是否掌握项目会议室的布置要求	25			
4	实训态度	10			
5	团队合作	10			
6	拓展知识	10			
小计		100			
总评（取小计平均分）					

4. 拓展

某市政项目办公区、生活区视频（码3-7）。

码3-7 生活区、办公区布置

任务3 施工区管理

一、基础知识

1. 施工现场管理

（1）施工现场地面应做硬化处理，1000万元以上的工程，道路必须采用混凝土硬化，而对于小型工程现场道路应采用3∶7灰土、砂石路面硬化，但搅拌场地、物料提升机场地、砂石堆放场地及其他原材料堆放场地等易积水场地，必须做混凝土硬化，其他场地可采用砖铺地或砂石硬化。

(2) 施工现场道路应在施工总平面图上标示清楚，道路不得堆放设备或建筑材料。施工场地应有排水坡度、排水管、排水沟等排水设施，做到排水通畅、无堵塞、无积水。

(3) 施工现场应设污水沉淀池，防止污水、泥浆不经处理直接外排，堵塞下水道，污染环境。施工现场不准随意吸烟，应设专用吸烟室。

(4) 施工现场绿化。施工现场须有适当绿化，并尽量与城市绿化协调一致。

(5) 施工现场合理设置雨水收集池，设置循环利用系统，如屋面排水降温装置、混凝土养护装置，利用雨水进行卫生间冲洗、绿植养护、道路防尘等。

2. 安全标识牌

(1) 安全标识牌识读：禁止标志、指令标志、警告标志、提示标志(图 3-38)。具体按《安全标志及其使用导则》GB 2894—2008 执行。

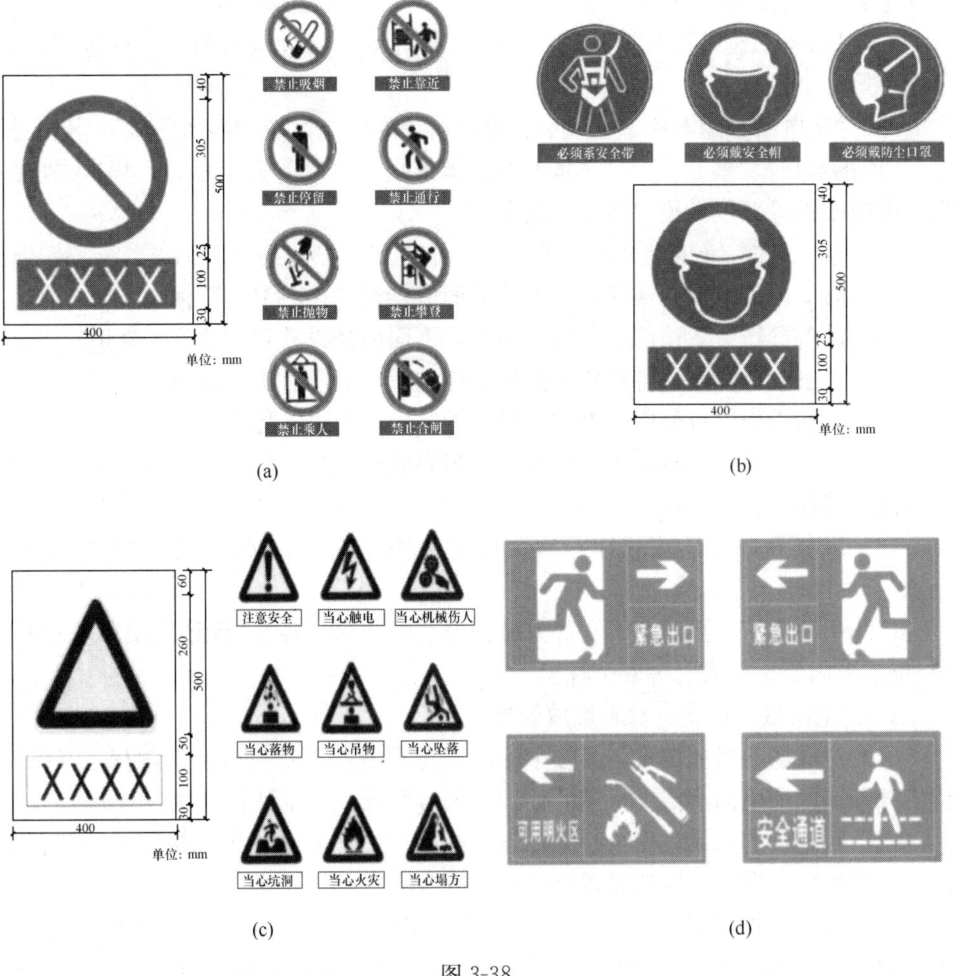

图 3-38

(a) 禁止标志：带斜杠的圆边框；(b) 指令标志：圆边形框；

(c) 警告标志：正三角形边框；(d) 提示标志：方形边框

（2）设置位置要求

1）在易燃、易爆、有毒、有害等危险场所的醒目位置，设置符合《安全标志及其使用导则》GB 2894—2008 规定的安全标识。

2）在重大危险源现场设置明显的安全警示标识。

3）在场内道路以及隧道内设置限速、限高、禁行等交通安全标识。

4）在检修、维修、施工、吊装等作业现场设置警戒区域和安全标志。

5）在可能产生严重职业危害作业岗位的醒目位置，按照《工作场所职业病危害警示标识》GBZ 158—2003 设置职业危害警示标识，同时设置告知牌，告知产生职业危害的种类、后果、预防及应急救治措施、作业场所职业危害因素检测结果等。

6）多个标志标牌在一起设置时，应按警告、禁止、指令、提示类型的顺序先左后右、先上后下排列。

7）在钢筋加工、木料加工场区等有机械伤害的场所要设置“当心机械伤人”等安全警示标志。

8）对吊装、建筑物（提升机）平台底部等有落物危险的场所应设置“当心落物”等安全标志。

9）对变电站、配电室、电气室、配电箱等部位应设置“高压危险”“当心触电”“禁止攀登”“禁止合闸”“非工作人员禁止入内”等安全标志；场区内电缆沟、电缆架设等部位设置“当心电缆”标识。

10）高于地面 3m 以上的建构筑平台，应挂设“禁止抛物”标志。

11）易受雨雪淋湿的楼梯、湿滑的地面应挂设“当心滑跌”标识。

12）设备操作位置顶部有平台的地方，下面应挂设“当心落物”标识。

13）上下楼梯及其他容易碰头的地方应挂设“当心碰头”标识。

14）盾构操作室等处应挂设“机房重地，闲人免进”标志。

15）总变电室、配电室等处应挂设“当心触电”“严禁烟火”“非工作人员禁止入内”等标识。

16）氧气仓库、乙炔仓库、易燃材料备件仓库等处必须挂设“严禁烟火”标志。

17）手动葫芦、捯链、天车等处应挂设“限载××吨”“无证人员禁止操作”“起重范围内禁止站人”等安全标识。

3. 施工机械、设备、材料堆放管理

（1）对进场的机械设备，要按平面图定点存放，遵守机械安全规程，经常保持机身等周围环境的清洁。机械的标记、编号明显，安全装置可靠。

（2）对进场的机具、安全禁令标志、配电箱、消防器材等严格按平面布置图位置进行堆放、设置，堆放设置要做到整齐有序。

（3）对进场的建筑材料、构件应按总平面设计位置堆放，做到整齐有序。堆放材料应有标识牌，其内容有：名称、品种、规格型号、批量、场地、检验状态。现场钢筋加工区设置钢筋焊接标准展示牌，采用彩色喷绘＋KT 板制作，高 1.5m，宽度根据现场实际情况确定。其内容包括：焊接类型、焊接要求、搭接长度等。每日由专职安全员负责检查。材料标识牌、样品展示牌见图 3-39。

单位名称及标志

材料标示牌

名称		规格型号	
数量		厂家	
批号		进场日期	
检验日期		检验状态	
报告编号		使用部位	

材料标识牌

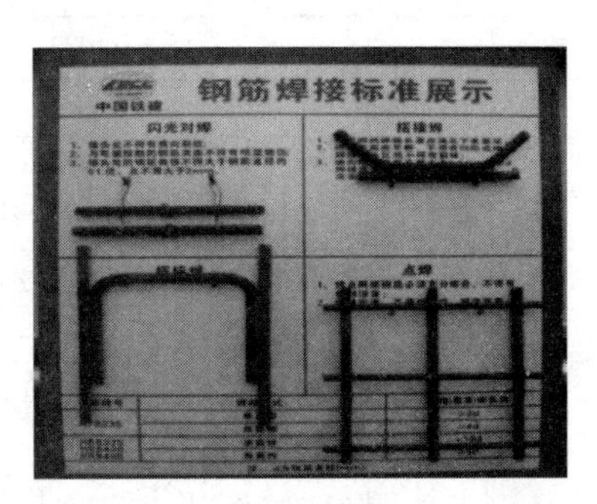

样品展示牌

图 3-39

(4) 材料存放区场地应进行硬化，材料堆放离地不低于 100mm，应有防潮、防淋、防变形、防污染、防扬尘措施。

(5) 材料应堆放整齐，分区分类存放，便于施工，垛与垛间应留有通道，宽度不应小于 0.5m。

(6) 易燃、易爆物品应存放于专用库房，库房间距符合消防要求，应采取有效防火、防渗漏措施，库内通风，悬挂安全标识。

(7) 水泥和其他易飞扬的细颗粒建筑材料应封闭存放或采用覆盖等措施，施工现场按照规定使用预拌混凝土，减少粉尘污染。

(8) 不具备设置材料存放区的材料，存放时应采用覆盖措施。

二、实训任务

1. 实训目的

熟悉施工区管理的主要内容；会在施工区内合理堆放材料、正确设置安全标志标牌；会绘制施工现场总平面布置图、现场安全标志总平面布置图；能进行施工区安全日常巡查。

2. 实训内容

实训日期：______________ 实训成绩：______________

班　　级：______________ 小组成员：______________

实训 1 安全标志随手拍活动。利用手机随手拍校园内的禁止标志、警告标志、指令标志、提示标志，发至学习课程群。

实训 2 参照某市政项目施工现场总平面布置图(码 3-8)，利用 AutoCAD绘制某项目施工现场总平面布置图。

码3-8 某项目现场总平面布置图

实训 3 列举出钢筋、水泥、木材等材料存放场地的要求及安全防护措施。

实训 4 考察当地市政在建项目，填写某项目施工现场检查评分记录表 3-3。

施工现场检查评分记录表（现场、料具管理）　　表 3-3

施工单位：　　　　　　　　工程名称：

序号	检查项目		检查情况	标准分值	评定分值
1	施工现场	设居民来访接待室		5	
2		施工区、生活区划分明确，责任明确		5	
3		施工现场大门、围挡牢固整齐		5	
4		现场清洁、整齐，道路硬化，有排水措施		5	
5		临设工程牢固整齐		5	
6		施工现场主要出入口有施工单位标牌		5	
7		工地大门内有七板一图		5	
8		材料存放布置图		5	
9		料场应平整坚实，有排水措施		5	
10		料具和构、配件码放整齐，符合标准		5	
11		成品保护		5	
12		建筑物内外零散物料和垃圾渣土及时清理，不得晾晒衣服被褥		5	
13		施工现场无长流水、长明灯等浪费现象		5	
14		建筑垃圾、生活垃圾不能混放，并及时清理		5	
15		材料保存、保管应有相应保护措施		5	
16	资料	施工组织设计、审批手续齐全		5	
17		施工日志及文明施工管理机构		5	
18		居民来访记录		5	
19		检查及整改记录		5	
20	职工应知应会			5	
小计				100	
检查员签字：				年　月　日	

3. 实训考评

实训成绩考核表

序号	考核内容	所占分值	自评评分	小组评分	教师评分
1	是否按要求完成了实训内容	20			
2	是否掌握安全标识的设置	10			
3	是否会规范堆放进场材料	20			
4	是否会进行施工现场安全检查	20			
5	实训态度	10			
6	团队合作	10			
7	拓展知识	10			
小计		100			
总评(取小计平均值)					

任务4　环　境　保　护

环境对人们日常生活越来越重要，得到全社会极大关注。场地平整、土方开挖、施工降水、永久及临时设施建造、场地废物处理等均会对场地现存的动植物资源、地形地貌、地下水位等造成影响，因此，我们必须加强施工现场的环境管理。

施工现场环境保护应符合下列规定：

（1）应制定防粉尘、防噪声、防废气措施；

（2）施工单位应对古树名木、文物采取保护措施；

（3）夜间施工前，应办理夜间施工许可证；

（4）应制定施工不扰民措施；

（5）施工现场严禁焚烧各类废弃物；

（6）工程竣工后应在规定时间内拆除临时设施、恢复道路。

现场工作环境复杂，涉及面较广，导致环境防护琐碎多变，这就要求现场管理人员承担更多责任，加强管理。除建立系统防护体系外，也应注重细节防护与日常检查、巡查，最大程度消除污染源，减少环境破坏。

1. 实训目的

了解施工现场环境保护的意义。熟悉产生环境污染的污染源，能对现场环境进行日常检查与管理，会采取适当措施进行环境保护。

2. 实训内容

实训日期：____________ 实训成绩：____________

班　　级：____________ 小组成员：____________

实训1 阅读下述材料，以小组为单位，讨论形成学习报告（表3-4）。

市政施工现场污染源统计及防止措施表 **表3-4**

序号	污染源		防治措施(码3-9)
	分类	产生原因	
1	大气粉尘	建筑物拆除、剔凿施工	1. 洒水 2. 雾炮降尘车
		现场运输车辆出入	1. 道路硬化 2. 降低行驶速度 3. 采用密闭式车厢 4. 出入口清洗
		现场堆放水泥和其他易产生扬尘的细颗粒建筑材料	1. 入库保存 2. 严密遮盖存放
		……	……
2	施工噪声		
3	废气排放		
4	水污染		
5	光污染		

阅读材料：

（1）导致施工现场土壤侵蚀、污染的主要原因

1）工程项目占用永久用地，及施工期临时便道、桥梁预制场、施工材料堆放、加工、工人宿舍征用的临时用地；

码3-9 有效防治与减少污染的措施

2）施工期间对原状土地的植被破坏以及借土场、弃土场造成的裸土地块；

3）危险品、化学品存放处和危险性废物堆放场；

4）由于地表径流或风化引起的场地内水土流失；

5）由生活污水、雨水管道、地表径流和空气带来的杂质、颗粒所产生的沉淀物污染环境。

（2）施工现场大气粉尘

1）拆除旧有建筑、机械剔凿作业时产生的扬尘；

2）混凝土、钢筋、砂石等施工材料运输车、拉运渣土、建筑垃圾的运输车在施工现场行驶中产生扬尘；

3）现场堆放水泥和其他易产生扬尘的细颗粒建筑材料；

4）施工现场大面积的裸露地面、坡面以及集中堆放的土方；

5）清理模板内已绑扎好的钢筋中残留的灰尘和垃圾；

6）遇有四级以上大风天气进行土方回填、转运以及其他可能产生扬尘污染的作业施工。

（3）废气排放

1）施工车辆、机械、设备的尾气排放；

2）施工过程中所使用的阻燃剂、混凝土外加剂，及部分建筑材料产生的对人体有危害的气体。

（4）噪声污染源

1）混凝土搅拌机、空气压缩机、木工机具、钢筋加工机械等施工机械产生的噪声；

2）机械剔凿作业的破碎炮和风镐等剔凿机械产生的噪声；

3）人为的施工噪声，如施工时敲打料斗；夜间运输材料的车辆，进入施工现场鸣笛；装卸材料产生的噪声。

（5）水污染源

1）暴雨径流。雨水携带工地现场泥沙、废物，甚至有毒物质流入市政雨水排放管道；

2）生活污水，如施工现场食堂、卫生间产生的生活污水；

3）工程产生的污水、污油。

（6）光污染源

1）电焊作业时产生的电焊眩光外泄；

2）施工现场大型照明灯安装产生的直射光线射入非施工区；

3）夜间照明光线溢出施工场地以外范围，对周围住户产生影响。

实训 2 《城市古树名木保护管理办法》所称古树，是指树龄在百年以上的树木。凡树龄在三百年以上的树木为一级古树；其余的为二级古树。所称名木，是指珍贵、稀有的树木和具有历史价值、纪念意义的树木。参考示例（码 3-10），结合当地古树保护条例，编写某项目现场古树专项保护方案。

码3-10 古树名木文物保护

3. 实训考评

实训成绩考核表

序号	考核内容	所占分值	自评评分	小组评分	教师评分
1	是否按要求完成了实训内容	20			
2	是否熟悉产生环境污染的污染源	10			
3	是否能对现场环境进行日常检查与管理	20			
4	是否会采取适当措施进行环境保护	20			
5	实训态度	10			
6	团队合作	10			
7	拓展知识	10			
小计		100			
总评(取小计平均分)					

任务5 职 业 健 康

职业健康是对工作场所内产生或存在的职业性有害因素及其健康损害（表3-5）进行识别、评估、预测和控制的一门科学，其目的是预防和保护劳动者免受职业性有害因素所致的健康影响和危险，使工作适应劳动者，促进和保障劳动者在职业活动中的身心健康和社会福利。

一般规定：

（1）建设单位、监理单位应当把施工单位落实国家职业病防治工作的相关要求纳入监督检查范围。

（2）施工单位对生产过程中产生的职业病危害承担防范责任，项目负责人对本单位的职业病防治工作全面负责。

（3）施工单位应当建立、健全职业病防治体系及制度，加强对职业病防治的管理，不断提高职业病防治水平。

（4）施工单位应当自觉接受安全生产监督管理部门依法对其职业健康监护工作的监督检查，及时、如实地提供有关文件和资料。

施工现场常见的影响职业健康的因素及危害　　表3-5

影响因素	项目	危害
化学因素	油漆	长期大量使用劣质油漆，产生有机废气，在此工作环境下，会导致人员大脑细胞受损
	天然气	与血红蛋白结合而造成组织缺氧，导致急性中毒，对人体伤害极大
	汽油、柴油	易燃，对机体的神经系统有选择性损害
	乙炔	具有弱麻醉作用，高浓度吸入可引起单纯窒息

续表

影响因素	项目	危害
物理因素	噪声	长期处于噪声环境会产生头昏、耳鸣等症状，还可能造成永久性失聪
	照明照度	照明度高或低，均会对视力造成不良影响，造成视觉疲劳、视力下降
	温度	高温作业对循环系统、消化系统、泌尿系统、神经系统等均会产生影响
	振动	长期从事手传振动作业，可致手麻、手胀、手痛、手胀多汗、手臂物理和关节疼痛等，甚至导致手臂振动病(职业病)
	空气质量	在室内空气质量差的环境里，会引起皮肤过敏、喉咙痛、呼吸道发干、头晕、易疲劳等症状
		室外空气污染可使易感人群症状轻度加剧，使心脏病和肺病患者症状显著加剧、运动耐受力降低，并出现严重症状
环境危害因素	光污染	电焊器、医疗消毒等人工紫外光源，可导致电光性皮炎或电光性眼炎
	工业废料	废弃电缆电线、电气设备含重金属，污染土壤环境
		绝缘油、车辆里的废机油为危险废物，难以自然分解，渗入土壤后短期内无法修复，渗入地下水后污染饮用水源
		润滑油：急性吸入可出现头晕、恶心，引起油脂性肺炎，或接触性皮炎
	生活垃圾	衍生大量病菌，处理不当很容易引起各种疾病传播和蔓延
	自然资源消耗	电力系统建立与操作应避免消耗过多自然资源，如土地资源、水资源等
	排放物	生活废水、汽车尾气、厨房油烟、人体排放物、设备热量等产生危害因素并污染环境，威胁人体健康

1. 实训目的

了解职业病危害因素、危害程度、危害后果；会进行职业病防护和正确使用个人防护用品；能进行职业健康安全教育及设置职业病危害警示标识。

2. 实训内容

实训日期：________________ 实训成绩：________________

班　　级：________________ 小组成员：________________

实训 根据以下材料，以小组为单位，录制组长开展职业健康安全教育宣讲视频。

要求：安全教育要包含以下几方面：（1）职业病危害因素、危害程度、危害后果，以及提供职业病防护设施和个人防护用品的正确使用方法；（2）危害警示标识；（3）职业前期预防措施；（4）职业健康权益保护等。

材料：

(1) 危害告知

1) 作业现场存在粉尘、放射性或其他有毒、有害物质时，用人单位应通过劳动合同、教育培训和公告等方式如实告知劳动者，不得隐瞒或者欺骗。告知内容包括：职业病危害因素的种类、危害程度、危害后果，以及提供的职业病防护设施和个人防护用品的正确使用方法。

2) 作业人员在劳动合同期间因工作岗位或工作内容变更，从事存在职业危害的作业且未在合同中约定，用人单位应当依照规定，向劳动者履行如实告知的义务，并协商变更原劳动合同的相关条款。

3) 施工单位对作业人员进行岗前培训时，应将工作场所设置的职业危害警示标识标牌内容和含义告知作业人员。

(2) 危害警示（码 3-11）

码3-11 危险警示与告知

1) 存在职业病危害的工作场所，施工单位必须在醒目位置按照下列规定设置警示标识。

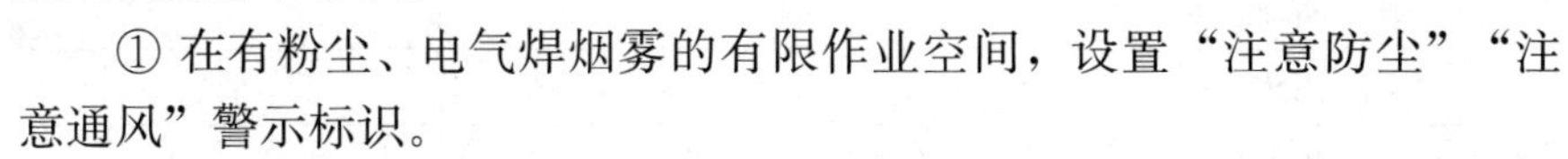

① 在有粉尘、电气焊烟雾的有限作业空间，设置“注意防尘”“注意通风”警示标识。

② 在有放射性源的工作场所，设置“当心电离辐射”警示标识。

③ 能引起职业性灼伤和酸蚀的化学品工作场所，设置“当心腐蚀”警示标识。

④ 在噪声工作场所设置“噪声有害”警示标识。

⑤ 在高温工作场所设置“当心中暑”警示标识。

⑥ 能引起其他职业病危害的工作场所，设置“注意危害”警示标识。

2) 可能产生职业病危害的设备发生故障、维护和检修时，应设置相应的“禁止”标识。

3) 设置的警示标识应当醒目、完整，警示信号、报警装置应保持功能完好。

(3) 职业危害申报

工作场所存在职业病目录所列职业病的危害因素的，应当及时、如实向工程所在地区的市级人民政府安全生产监督管理部门申报危害项目，并接受安全生产监督管理部门的监督管理。

(4) 职业危害前期预防

1) 施工单位应当依照法律、法规要求，严格遵守国家职业卫生标准，落实职业病预防措施，从源头上控制和消除职业病危害。

2) 施工单位产生职业病危害的，其工作场所应当符合下列职业卫生要求：

① 职业病危害因素的强度或者浓度符合国家职业卫生标准；

② 有与职业病危害防护相适应的设施；

③ 生产布局合理，符合有害与无害作业分开的原则；

④ 有配套的更衣间、洗漱间、休息间等卫生设施；

⑤ 设备、工具、用具等设施符合保护劳动者生理、心理健康的要求。

3) 建设项目在竣工验收前，建设单位应当进行职业病危害控制效果评价，建设项目竣工验收时，其职业病防护措施经安全生产监督管理部门验收合格后，方可投入正式生产和使用。

（5）职业病危害权益保护

县级以上地方人民政府卫生行政部门、劳动保障行政部门依据各自职责，负责本行政区域内职业病防治的监督管理工作。

3. 实训考评

实训成绩考核表

序号	考核内容	所占分值	自评评分	小组评分	教师评分
1	是否按要求完成了实训内容	20			
2	是否会正确使用职业病防护设施和个人防护用品	20			
3	是否能进行职业健康安全教育	20			
4	是否会设置职业病危害警示标识	10			
5	实训态度	10			
6	团队合作	10			
7	拓展知识	10			
小计		100			
总评(取小计平均分)					

项目4　施工用电安全管理

1. 概念

电作为动力源和技术支持对于现代建筑施工来说是必不可少的。但是，在施工用电过程中当人们对它的设置和使用不规范时，也会带来极其严重的危害。特别是触电和因电起火能在一瞬间危及人的生命，酿成巨大的财产损失。所以，建筑施工时，要特别关注用电安全问题。

施工用电检查应符合现行标准《建设工程施工现场供用电安全规范》GB 50194—2014和《施工现场临时用电安全技术规范》JGJ 46—2005的规定。

2. 专业术语

（1）外电线路

施工现场临时用电工程配电线路以外的电力线路称为外电线路。

（2）TN-S系统（图4-1）

具有专用保护零线的中性点直接接地的系统叫TN-S接零保护系统，俗称三相五线制系统。电气设备的金属外壳与专用保护零线连接，保护零线单独敷设，不作其他使用。重复接地线与保护零线连接。

（3）三级配电两级保护（图4-2）

三级配电：《施工现场临时用电安全技术规范》JGJ 46—2005要求，配电箱应作分级设置，即在总配电箱内下设分配电箱，分配电箱下设开关箱，开关箱以下就是用电设备，形成三级配电。

两级保护：主要指采用漏电保护措施，规范规定，除在末级开关箱内加防漏电保护器外，在总配电箱中再加装一级漏电保护器，总体形成两级保护。

（4）一机、一闸、一漏、一箱

“一箱、一机、一闸、一漏”是指每台机械设备必须有单独的开关箱，开关箱应安装闸刀开关（隔离开关）和漏电保护器，一个开关只能管一台机械设备，一闸多机易出现误操作而发生事故。

3. 基本规定

（1）施工现场临时用电应采取TN-S系统，符合“三级配电两级保护”，达到“一机、一闸、一漏、一箱”的要求。

（2）电工应持证上岗，安装、巡查、维修或拆除临时用电设备和线路由电工完成。

（3）编制施工现场临时用电专项方案，并定期检查，建立安全技术档案。

（4）一般场所宜选用额定电压为220V的照明器。

（5）下列特殊场所应使用安全特低电压照明器：

1）隧道、人防工程、高温、有导电灰尘、比较潮湿或灯具离地面高度低于

2.5m 等场所的照明，电源电压不应大于 36V；

2）潮湿和易触及带电体场所的照明，电源电压不得大于 24V；

3）特别潮湿场所、导电良好的地面、锅炉或金属容器内的照明，电源电压不得大于 12V。

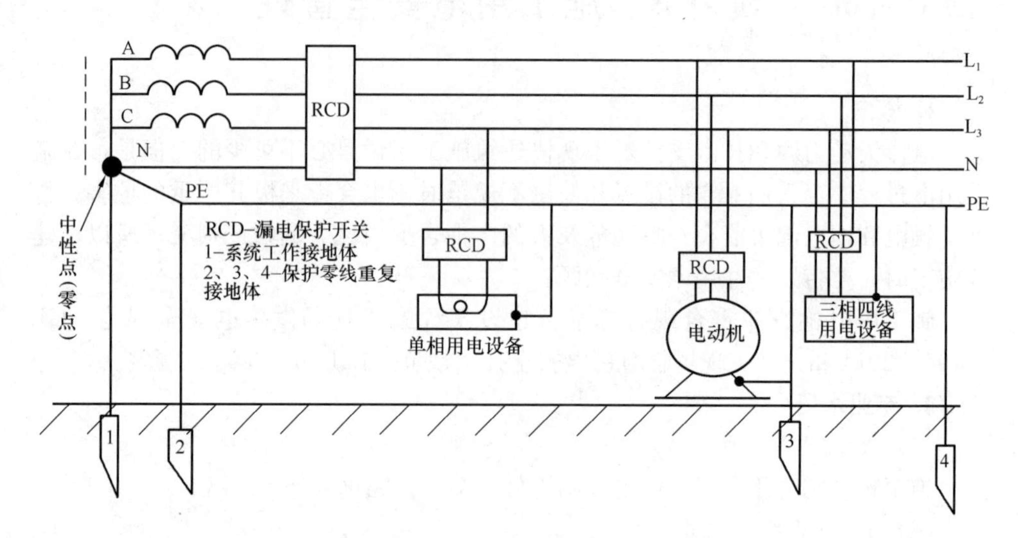

图 4-1　TN-S 系统

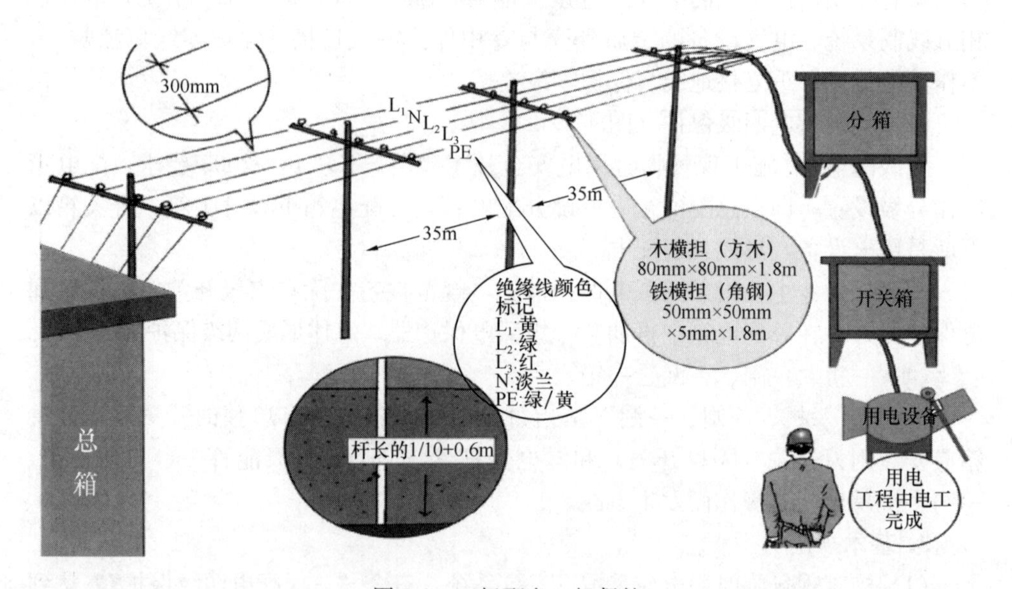

图 4-2　三级配电二级保护

4. 实训主要技能

（1）了解施工用电安全常识；

（2）掌握施工用电安全技术交底；

（3）掌握施工用电安全检查。

5. 案例

（1）外电线路防护

1）检查施工现场与外电线路的安全距离

外电线路一般为10kV以上或者220kV/330kV的架空线路，其与在建工程（含脚手架）、高大施工设备、场内机动车道必须满足规定的安全距离（图4-3～图4-5）。外电架空线路正下方不得搭建宿舍、作业棚、材料区等。

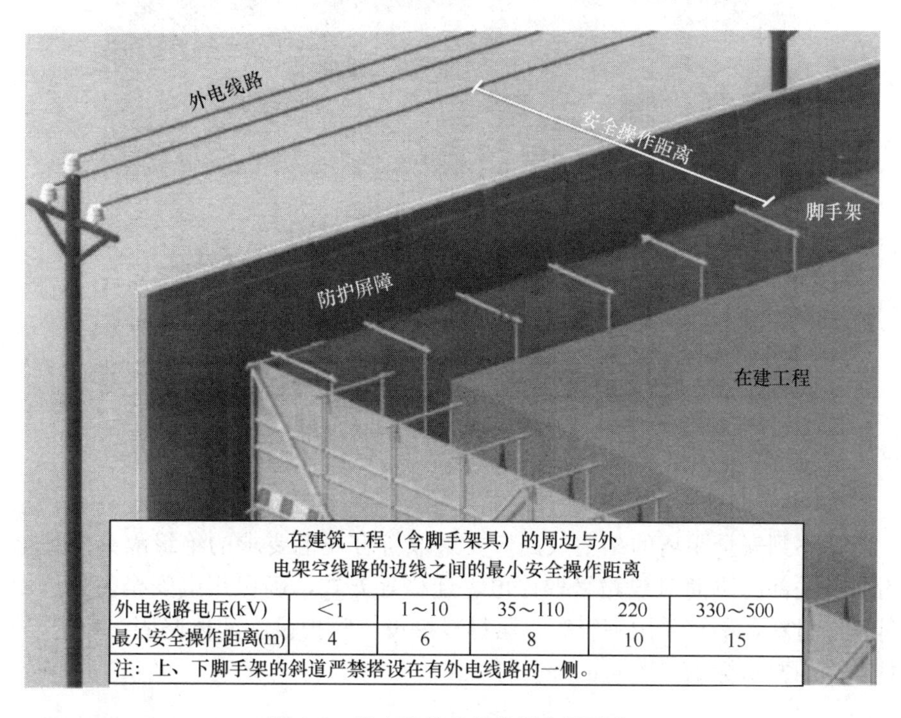

在建筑工程（含脚手架具）的周边与外电架空线路的边线之间的最小安全操作距离					
外电线路电压(kV)	<1	1～10	35～110	220	330～500
最小安全操作距离(m)	4	6	8	10	15
注：上、下脚手架的斜道严禁搭设在有外电线路的一侧。					

图4-3 外电线路的防护距离及要求

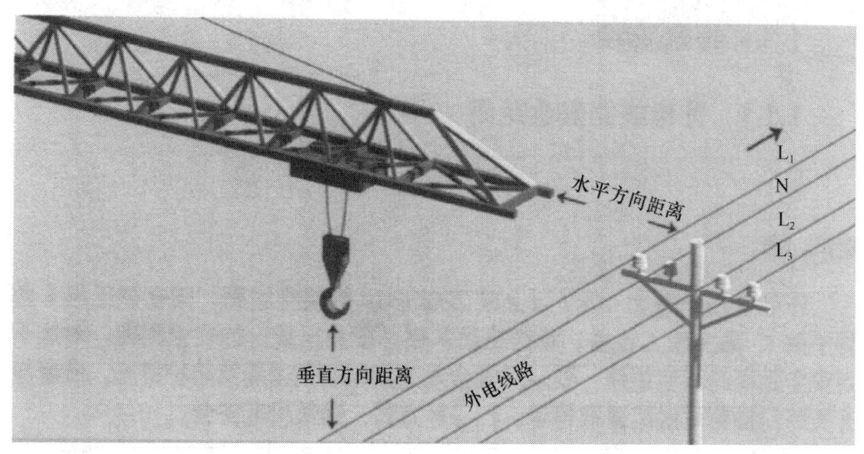

起重机与架空线路边线的最小安全距离

电压(kV) / 安全距离(m)	<1	10	35	110	220	330	500
沿垂直方向	1.5	3.0	4.0	5.0	6.0	7.0	8.5
沿水平方向	1.5	2.0	3.5	4.0	6.0	7.0	8.5

图4-4 起重吊车与外电线路距离

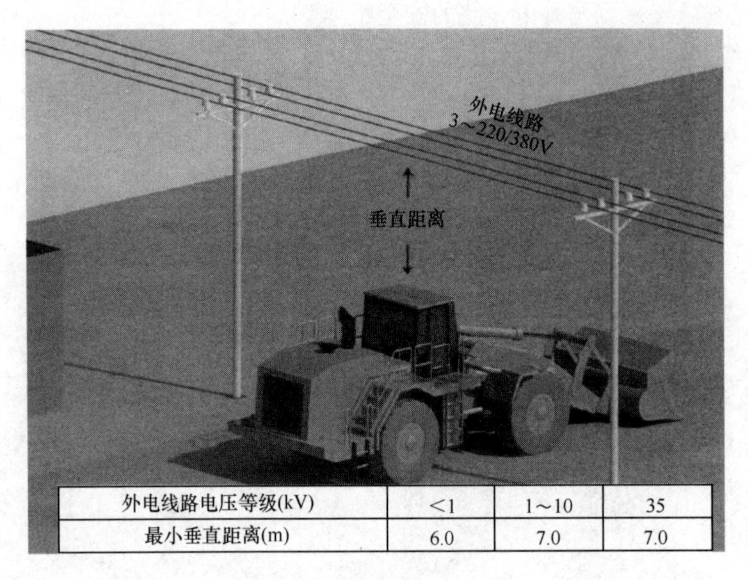

外电线路电压等级(kV)	<1	1～10	35
最小垂直距离(m)	6.0	7.0	7.0

图 4-5　机动车与外电线路距离

2）外电线路防护的措施

对达不到安全距离的架空线路，要采取符合规范要求的绝缘隔离防护措施，或者与有关部门协商对线路采取停电、迁移等方式，确保用电安全。如选用木、竹等绝缘材料，不宜采用钢管等金属材料搭设。防护设施架体坚固、稳定，并应悬挂明显的警示标志（图 4-6、图 4-7）。

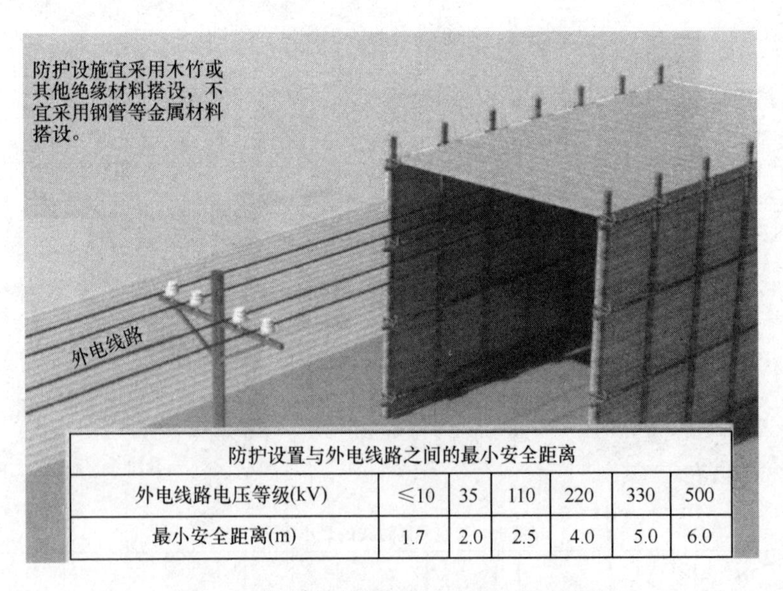

防护设置与外电线路之间的最小安全距离						
外电线路电压等级(kV)	≤10	35	110	220	330	500
最小安全距离(m)	1.7	2.0	2.5	4.0	5.0	6.0

图 4-6　外电线路防护措施及最小安全距离

（2）场内电缆的敷设要求（图 4-8、图 4-9）

1）电缆线路埋设时，应绘制埋地线路图，埋地深度不小于 700mm，电缆周围埋设厚 50mm 的细砂，地面应设置电缆走向标识牌。

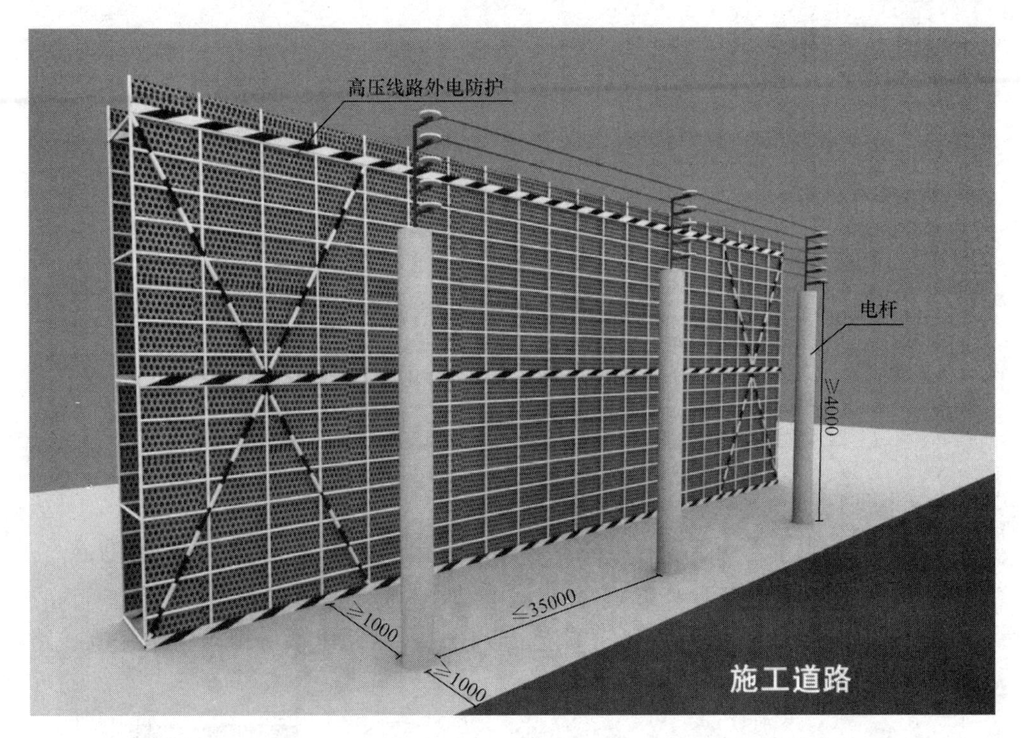

图 4-7　外电防护（单位：mm）

2）采用架空方式的线路，架设高度、间距、材质应符合要求，不得在现场内采用裸线架设。

3）当无法采用架空和埋地敷设时，应采用可靠的防护措施。

4）严禁沿地面明设或沿脚手架、树木等敷设，并避免机械损伤或介质腐蚀。

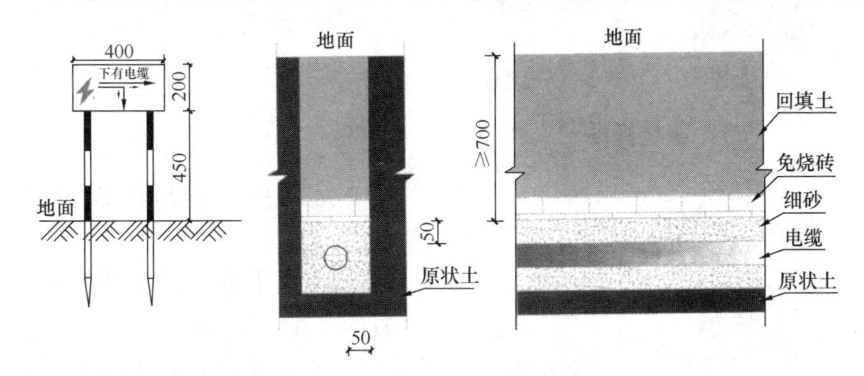

图 4-8　电缆敷设安装示意图（单位：mm）

（3）三级配电（图 4-10）

1）选用的配电箱应符合国家标准和地方要求。

2）选用的电器元件应有生产许可证和产品合格证。

3）总配电箱、开关箱应设置漏电保护装置。其中，总配电箱漏电保护器额定漏电动作电流大于 30mA、额定漏电动作时间大于 0.1s，但其两者乘积不应大于 30mA·s；开关箱漏电保护器额定漏电动作电流不大于 30mA、额定漏电动作

图 4-9　架空电线安装示意图

时间不大于 0.1s。在潮湿或有腐蚀介质场所使用的漏电保护器采用防溅型产品，其额定电动作电流不大于 15mA，额定漏电动作时间不大于 0.1s。

4）配电箱应注明编号、责任单位、责任人和联系电话，箱内张贴配电线路图、巡检记录。

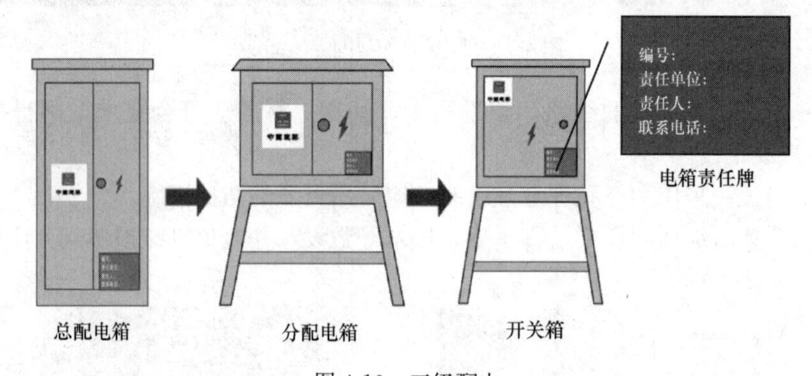

图 4-10　三级配电

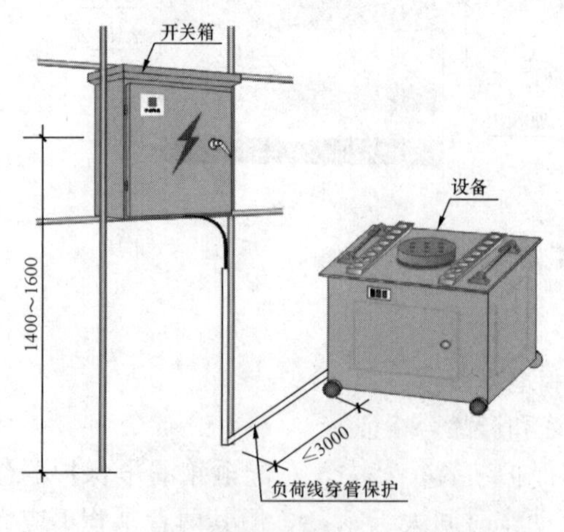

图 4-11　设备与电源距离图（单位：mm）

（4）开关箱与固定设备设置(图 4-11)

1）用于单台固定设备的开关箱宜固定在设备附近。

2）设备开关箱箱体中心距地面垂直高度为 1.5m。

3）设备开关箱与其控制的固定用电设备的水平距离不宜超过 3m。

4）连接固定设备的电缆宜埋地，且从地下 0.2m 至地面以上 1.5m 处必须加设防护套管，防护套管内径不应小于电缆外径的 1.5 倍。

（5）分配电箱防护围栏（图4-12）

图4-12　分配电箱防护

1）电箱防护围栏主框架采用方钢40mm×40mm焊制，方钢间距150mm，高度2400mm，长、宽1500～2000mm，正面设置栅栏门。

2）电箱防护围栏正面悬挂操作规程牌、警示牌、责任人及联系电话，并配置干粉灭火器。

（6）电焊机（图4-13）

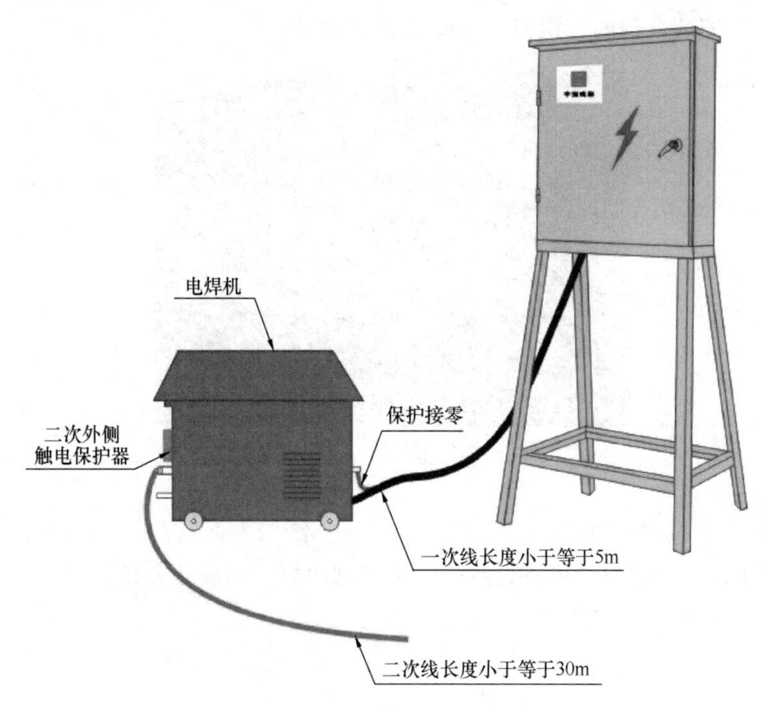

图4-13　电焊机配置与使用

1）电焊机变压器的一次侧电源线长度不应大于5m，其电源进线处必须设置防护罩。

2）电焊机二次侧焊把线应采用防水橡皮护套铜芯软电缆，电缆长度不应大于30m。

3）电焊机二次侧应安装触电保护器（空载降压保护装置）。

4）电焊机外壳应做保护接零。

5）使用电焊机焊接时必须穿戴防护用品，严禁露天冒雨从事焊接作业。

6）电焊作业应配备接火斗，办理动火申请，并设专人监护。

（7）管理用电档案资料（图 4-14）

档案资料齐全，设专人管理资料，各种检查记录填写真实。用电安全技术档案应由主管现场的电气技术人员负责建立与管理，其中“电工安装、返检、维修、拆除工作记录”可指定电工代管，每周由项目经理审核认可，并应在临时用电工程拆除后统一归档。

1）临时用电安全技术档案应包括下列内容：

① 用电组织设计的全部资料

② 修改用电组织设计的资料

③ 用电技术交底资料

④ 工程检查验收表

⑤ 用电电气设备的试验、检验凭单和调试记录

⑥ 接地电阻、绝缘电阻、漏电保护器漏电动作参数测定记录表

⑦ 定期检（复）查表

⑧ 电工安装、巡检、维修、拆除工作记录

图 4-14　施工用电安全档案资料管理

2）总、分包安全协议

总包单位与分包单位应签订临时用电管理协议，明确各方相关责任。

任务1　施工用电安全检查

1. 实训目的

通过实训任务，学生应掌握项目施工用电安全检查的内容与重点、安全隐患检查与消除的闭合管理流程；锻炼公文写作能力、活动组织能力及团队合作能力。

2. 实训内容及实训步骤

实训日期：________________ 实训成绩：________________

班　　级：________________ 小组成员：________________

实训 1 指出图 4-15 中临时用电的不妥之处。

图 4-15

实训 2 以小组为单位，结合项目案例，进行施工用电安全检查。

码4-1 施工用电安全

码4-2 日常施工用电巡查

步骤 1：确定重点检查区域。

（1）钢筋加工场地；（2）桥梁作业区；（3）作业人员休息区；（4）生活区。

步骤 2：视频学习（码 4-1）。

步骤 3：进入施工现场检查或根据图片场景（码 4-2），进行安全检查，形成检查记录（表 4-1）。

施工现场安全生产检查表（临时用电） **表 4-1**

项目名称：____

序号	检查项目	检查数据				评价结果	
		抽查样本数量	符合数量	不符合数量	样本符合率	符合	不符合
一、内业资料检查							
1	编制临时用电施工组织设计，并履行审核手续						
2	总包单位与分包单位签订临时用电管理协议，明确安全责任						
3	安全技术交底资料齐全、有效						
4	临时用电工程经总包单位、安装单位、使用单位等相关单位的安全、技术、工程人员验收						
5	临时用电工程由电工持证上岗操作						

续表

序号	检查项目	检查数据				评价结果	
		抽查样本数量	符合数量	不符合数量	样本符合率	符合	不符合
二、实体检查							
6	接地电阻、绝缘电阻测定符合要求						
7	施工现场专用电源中性点直接接地的低压配电系统采用TN-S系统						
8	配电系统（TN或TT）符合要求						
9	配电系统采用三级配电、二级保护。设备专用箱是否做到“一机、一闸、一箱、一漏”，是否有一闸多机现象						
10	配电设备、线路采取可靠防护措施。作业面上的电源线是否采取了保护措施，有无拖地现象						
11	漏电保护器参数符合要求						
12	外电防护设施设置符合要求						
13	配电线路是否有老化、破皮现象						
14	电焊机是否有专用开关箱，外壳是否有接零或接地保护，两侧接线是否有可靠防护护罩						
15	电焊线路是否有破损、裸露现象，把线有无借用金属管道、脚手架、结构钢筋等作回路地线现象						
16	电工上岗作业，是否持有合格证件，是否佩戴相应的防护用品						
结果统计	符合________项；　不符合________项						

检查人：________　　　　检查日期：____年____月____日

3. 实训考评

实训成绩考核表

序号	考核内容	所占分值	自评评分	小组评分	教师评分
1	是否按要求完成了实训内容	35			
2	是否掌握施工用电安全检查	25			
3	实训态度	10			
4	团队合作	15			
5	能力提升	15			
小计		100			
总评（取小计平均分）					

任务2 施工用电安全技术交底

1. 实训目的

通过实训，学生应熟悉施工用电安全技术标准，掌握市政工程项目施工用电安全技术交底内容、方法。

2. 实训内容及实训步骤

实训日期：______________　　实训成绩：______________

班　　级：______________　　小组成员：______________

实训 以小组为单位，结合工程项目案例，完成工程项目施工用电安全技术交底。

步骤1：完成分组及组内分工，各组推荐组长。

步骤2：实训教师指定工程项目资料，确定交底内容。

步骤3：小组内分析讨论工程项目资料，编制施工用电安全技术交底并确定交底方式。

步骤4：每组推荐1人，向全班同学汇报施工用电安全技术交底书内容，内容包括：明确施工用电安全技术要求，遵章作业；提高安全生产意识和素质，落实安全责任；做好施工用电安全管理工作，防止发生事故，实现安全生产。

步骤5：组长为交底人，小组成员为接受人，如图4-16所示，模拟施工用电安全技术交底，完成安全技术交底记录。

图4-16

安全技术交底记录　　　　编号：

工程名称	×××市政工程项目		
交底项目	市政工程施工用电	交底日期	年　月　日
交底内容			

文字说明或附图：

一般要求

（1）工程竣工后，施工用电系统应及时拆除。

续表

(2) 施工现场开挖基坑、沟槽的边缘与地下电缆沟外边缘之间的距离不得小于50cm。 (3) 外电架空线路下方不得搭设作业棚、生活设施，不得堆放构件、架具、材料和其他杂物。 (4) 施工现场一旦发生触电事故，必须立即切断电源，抢救触电人员；严禁在切断电源之前与触电人员接触。 (5) 施工现场的机动车道与外电架空线路交叉时，架空线路的最低点与路面的最小垂直距离必须符合下表的要求。

施工现场的机动车道与外电架空线路交叉时的最小垂直距离

外电架空线路电压（kV）	1以下	1～10	35
距离（m）	6	7	7

(6) 在建工程施工中，地上建（构）筑物（含脚手架具）的外侧边缘与外电架空线路边线之间的最小距离应符合下表的要求；施工现场不能满足规定的最小距离时，必须采取防护措施。

脚手架外侧与外电架空线路的边线之间的最小安全距离

外电线路电压（kV）	1以下	1～10	35～110	154～220	330～500
最小安全距离（m）	4	6	8	10	15

接受人		交底人	

步骤6：实训教师点评。

3. 实训考评

实训成绩考核表

序号	考核内容	所占分值	自评评分	小组评分	教师评分
1	是否按要求完成了实训内容	35			
2	是否掌握安全技术交底内容	25			
3	实训态度	10			
4	团队合作	20			
5	拓展知识	10			
小计		100			
总评（取小计平均分）					

码5-1 认识机械

项目5 施工机械安全管理

1. 认识施工机械

施工机械主要包括建筑起重机械、土石方机械、运输机械、桩工机械、混凝土机械、钢筋加工机械、木工机械等（码5-1）。

施工机具检查应符合《建筑机械使用安全技术规程》JGJ 33—2012、《施工现场机械设备检查技术规范》JGJ 160—2016的规定。

2. 一般规定

（1）基本安全要求

1）施工现场应建立机械安全生产责任制，配备专人负责施工现场机械设备管理工作。

2）为机械设备使用提供良好的工作环境，安装场地必须平整坚实，有排水设施。

3）进入现场的机械设备必须保持技术状况完好，安全装置齐全、灵敏可靠，经总承包单位、使用单位、安装单位、租赁单位共同验收并报监理审核合格后方可使用。

4）机械上的各种安全防护装置及监测、指示、仪表、报警等自动报答、信号装置应完好齐全，有缺损时应及时修复。安全防护装置不完整或已失效的机械不得使用。

5）现场机械设备的明显部位或机棚内要悬挂安全操作规程和岗位责任标牌。

6）特种设备作业人员必须经过专业培训，考核合格取得建设行政主管部门颁发的操作证，并经过安全技术交底后持证上岗。

7）操作人员应遵守机械有关保养规定，认真及时做好各级保养工作，经常保持机械的完好状态。严禁带病运行，运行中禁止维护保养；操作人员离机或作业中停电时，必须切断电源。

（2）起重吊装设备

起重吊装设备包括流动式起重机、塔式起重机、门式起重机、架桥机、施工升降机、物料提升机等。

1）基本要求

① 出租单位应同时具有租赁行业确认书及起重设备安装专业承包资质，并将相关资质和设备技术资料报送企业审核，设备进场前签订租赁和设备安装分包合同。

② 起重设备进场安装前，总包单位必须组织进场联合验收，合格后方可安装。

设备安全前，安装单位应协助总包单位向工程质量安全监督机构办理安装告知。安装、拆卸、顶升等作业前应进行专项安全交底；安、拆作业时项目经理必须到场监督指导。

安装完毕，经具有相应设备检测资质的检测机构检测合格、总承包单位组织联合验收后，方可投入使用。出租单位在验收合格后30日内向工程质量安全监督机构办理使用登记。

③ 起重机械操作及安拆人员应当经建设行政主管部门考核合格，并取得建筑施工特种作业人员操作资格证书，方可从事相应作业。

④ 项目经理部不得购置和租用属于国家明令淘汰或者禁止使用的机械设备。机械设备规定使用年限：塔式起重机与施工升降机宜控制在5年以内，物料提升机为3年以内。

⑤ 塔式起重机、施工升降机应采用人脸识别、指纹识别等实名制管理装置，做到定机定人操作。

2）使用与维保。起重吊装设备专业性较强，在实际工作中由专职机管员进行安全检查，限于篇幅，在本书中不再叙述。

3. 实训主要技能

（1）认知各种施工机械；

（2）了解施工机械的基本安全要求；

（3）掌握中小型施工机械安全检查的内容。

4. 施工机械安全检查综合案例

某一市政工程项目进场后，项目部高度重视施工机械安全问题，在每项工程开始施工前都要对其相关机械实施安全检查与验收，同时日常强调机械操作是否得当。作为一名安全员，项目部要求你配合安全工程师检查工作，你该如何准备及实施？

下面是安全工程师列出的常见部分施工机械检查要点，你可提前学习。

（1）混凝土振捣器检查要点（图5-1）

1）振捣作业时应使用移动配电箱，电缆长度不应超过30m。

2）保护零线应单独设置，并应安装漏电保护装置。

3）操作人员应按规定戴绝缘手套，穿绝缘鞋。

（2）电焊机检查要点（图5-2）

1）电焊机使用前应履行验收程序，并应由责任人签字确认。

2）电焊机应单独设置保护零线，并安装漏电保护装置。

3）电焊机应设置二次空载降压保护器。

4）电焊机一次侧电源线长度不应大于5m，并应穿管保护。

5）电焊机二次侧线应采用防水橡皮护套铜芯软电缆，二次侧线长度不应大于30m，二次侧线绝缘层应符合国家现行标准。

6）交流电焊机应安装防二次侧触电保护装置。

7）电焊机应设置防雨罩，接线柱应设置防护罩。

8）电焊机旁明显位置应悬挂使用操作规程。

（3）混凝土搅拌机检查要点（图5-3）

图 5-1　混凝土振捣作业

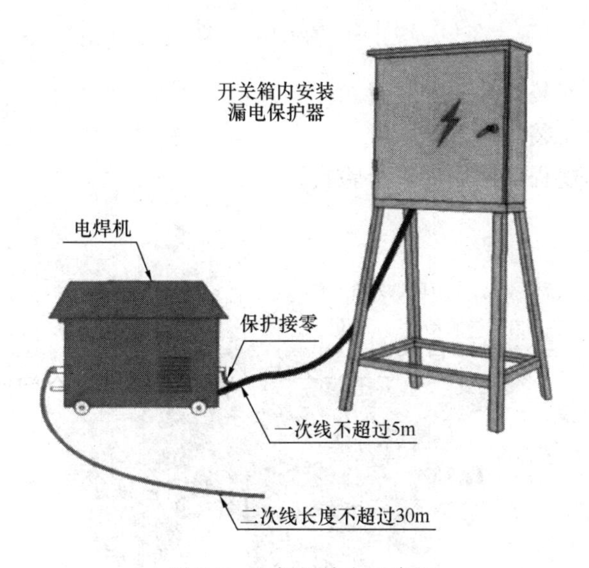

图 5-2　电焊机接电示意图

1）搅拌机使用前应履行验收程序，并应由责任人签字确认。

2）搅拌机应单独设置保护零线，并应安装漏电保护装置。

3）离合器、制动器应灵敏有效，料斗钢丝绳的磨损、锈蚀、变形量应在标准允许范围内。

4）上料斗应设置安全挂钩或止档装置，传动部位应设置防护罩。

5）搅拌机应设置作业棚，并应有防雨、防晒等功能。

6）作业平台应平稳可靠。

7）搅拌机旁明显位置应悬挂使用操作规程。

（4）运输车辆（图 5-4）

1）车辆转向、制动和灯光装置应灵敏可靠。

2）运输车辆手续应齐全。

3）司机应经专门培训、持证上岗。

4）行车时车斗内不得载人。

（5）圆盘锯（图 5-5）

图 5-3　混凝土搅拌机

1）锯片上方安装锯片防护装置。
2）传动部位安装防护罩。
3）挂设操作规程，使用前进行验收。

图 5-4　翻斗车作业

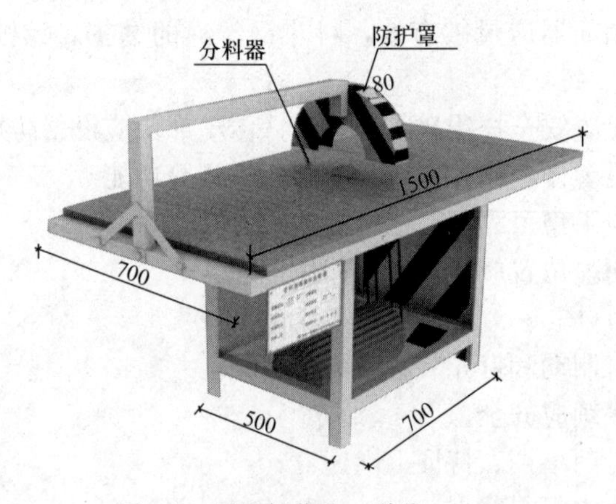

图 5-5　圆盘锯作业（单位：mm）

（6）潜水泵（图5-6）

1）潜水泵应单独设置保护零线，并应安装漏电保护装置。

2）负荷线应采用专用防水橡皮电缆，不得有接头。

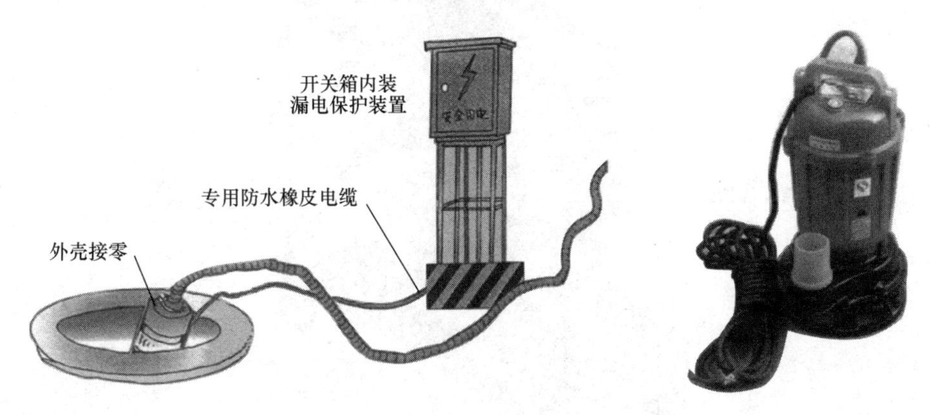

图5-6　潜水泵作业

（7）预应力张拉机械检查要点（图5-7～图5-9）

1）预应力张拉机械设备应定期、定量进行标定校验，并应有校验记录。

2）压力表与千斤顶应配套使用。

3）操作人员应经培训合格后，持证上岗。

4）张拉时顺梁方向梁端不得有人员停留。

5）预应力张拉时，应搭设供操作人员站立和摆放张拉设备的操作平台，平台应牢固可靠。

6）张拉钢筋两端应设置强度足够的挡板，挡板距张拉钢筋的端部不应小于1.5m，且应高出最上面一组张拉钢筋0.5m，其宽度距张拉钢筋两外侧不应小于1m，见图5-8。

7）预应力张拉区域应设置明显的安全标志，禁止非操作人员进入。

图5-7　智能张拉操作

图5-8　张拉时的防护挡板

（8）桩工机械检查要点

1）桩工机械使用前应履行验收程序，并应由责任人签字确认。

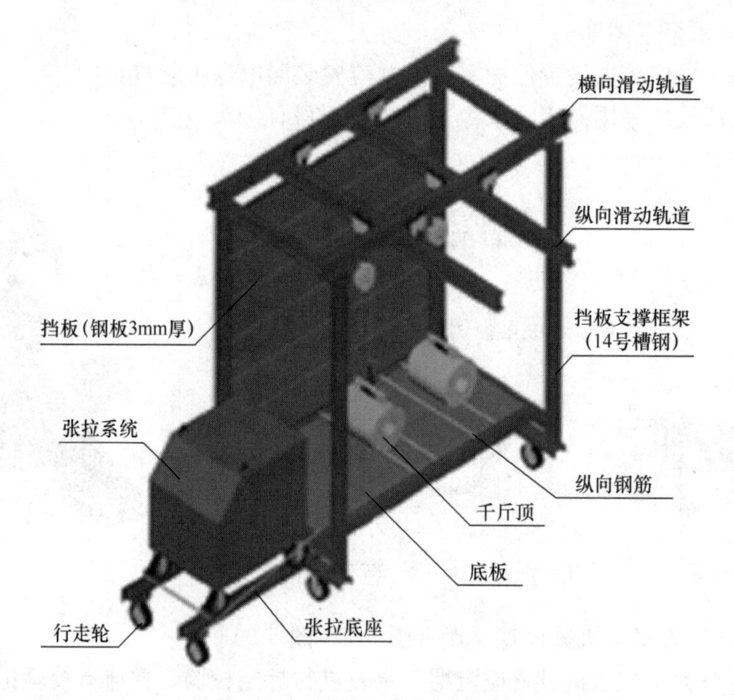

图 5-9　移动式张拉和挡板集成装置

2）作业前，应向作业人员进行安全技术交底，并做好文字记录。

3）桩工机械应安装安全装置，并应灵敏可靠。

4）桩工机械作业区域地面承载力应符合机械说明书要求。

5）桩工机械与输电线路安全距离应符合国家标准。

6）打桩机应设置标示牌，标示牌内容应全面。

（9）挖掘机检查要点

1）驾驶员必须持证上岗。

2）挖掘机的工作回转半径范围内禁止任何人停留或通过。

3）夜间作业时，工作场地应有充分的照明。

4）驾驶员离开操作室时，应将铲斗或炮头放落地面。

5）挖掘机工作时，工作面的高度不得超过机身高度的 1.5 倍。

6）挖掘机往运输车装泥石时，严禁铲斗从汽车驾驶室越过。

7）挖掘机应按操作规程进行保养，并应有保养记录。

（10）摊铺机检查要点

1）发动机器前应做相应检查。

2）禁止用摊铺机牵引其他机械。

3）作业现场必须设专人对摊铺机、压路机、运料车、车辆作业人员进行统一指挥。

4）摊铺机应按操作规程进行保养，并应有保养记录。

（11）施工机械通用项目日常检查

1）工作前

① 工作场地周围有无妨碍工作的障碍物。

② 油、水、电及其他保证机械设备正常运转的条件是否具备。

③ 安全、操作机构是否灵活可靠。

④ 指示仪表、指示灯显示是否正常可靠。

⑤ 油温、水温是否达到正常使用温度。

2）工作中

① 指示灯和仪表、工作和操作机构有无异常。

② 工作场地有无异常变化。

3）工作后

① 工作机构有无过热、松动或其他故障。

② 参照保养规定做例行保养作业。

③ 做好下一班的准备工作。

④ 填写好机械操作履历表。

4）驾驶室或操作室内应保持整洁，严禁存放易燃、易爆物品，严禁酒后操作机械，严禁机械带故障运转或超负荷运转。

5）机械设备在施工现场停放时，应选择安全的停放地点，关闭好驾驶室（操作室），要拉上驻车制动闸。坡道上停车时，要用三角木或石块抵住车轮。夜间应有专人看管。

6）用手柄启动的机械应注意手柄倒转伤人，加油时附近应严禁烟火。

7）柴油机、汽油机的正常工作温度应保持在60～90℃之间，温度在40℃以下时不得带负荷工作。

8）对用水冷却的机械，当气温低于0℃时，工作后应及时放水，或采取其他防冻措施，以防冻裂机体。

9）放置电动机的地点必须保持干燥，周围不得堆放杂物和易燃品。启动高压开关及高压电机时，应戴绝缘手套，穿绝缘胶鞋。

任务 施工机械安全检查

1. 实训目的

熟悉各种施工机械安全检查内容，能编制施工机械安全检查表。

2. 实训内容及实训步骤

实训日期：________________ 实训成绩：________________

班　　级：________________ 小组成员：________________

实训1 到施工现场或按图5-10进行钢筋加工机械安全检查。

步骤1：学习《市政工程施工安全检查标准》CJJ/T 275—2018、《施工现场机械设备检查技术规范》JGJ 160—2016中有关规定。例如：在《市政工程施工安全检查标准》CJJ/T 275—2018中钢筋机械使用应符合下列规定：

（1）钢筋机械使用前应履行验收程序，并由责任人签字确认。

（2）钢筋机械应单独设置保护零线，并应安装漏电保护装置。

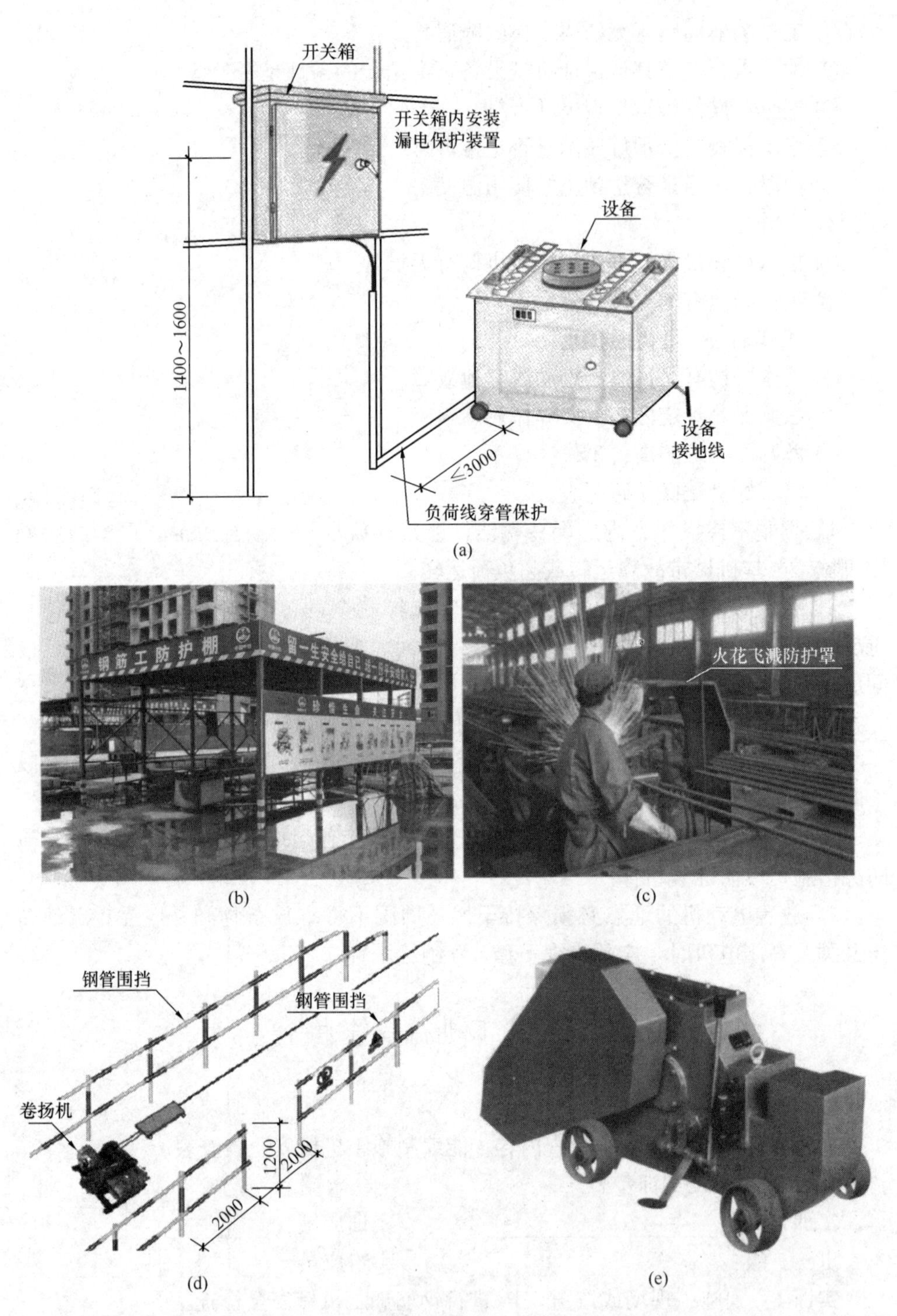

图 5-10 钢筋加工机械（单位：mm）

（a）钢筋加工设备；（b）钢筋防护棚；（c）闪光对焊机；
（d）钢筋拉伸机；（e）钢筋切断机

（3）钢筋加工区应设置作业棚，并应具有防雨、防晒等功能。

（4）钢筋对焊作业应设置防护罩。

（5）钢筋冷拉作业应设置防护栏。

（6）机械传动部位应设置防护罩。

（7）钢筋机械旁明显位置应悬挂使用操作规程。

步骤 2：准备钢筋机械安全检查表，按照下表示例完成。

序号	检查项目	扣分标准	应得分数	扣减分数	实得分数
1	钢筋机械	钢筋机械使用前未履行验收程序，扣 6 分，未经责任人签字确认，扣 3 分	6		
		……		……	……

步骤 3：结合图 5-10 填写完整钢筋机械安全检查表。

3. 实训考评

实训成绩考核表

序号	考核内容	所占分值	自评评分	小组评分	教师评分
1	是否按要求完成实训内容	20			
2	是否了解施工机械	25			
3	是否掌握了施工机械安全检查内容	25			
4	实训态度	10			
5	团队合作	10			
6	拓展知识	10			
小计		100			
总评（取小计平均分）					

4. 拓展

起重机械安全管理（码 5-2）。

码5-2 起重机械安全管理

项目6　施工脚手架安全

1. 基本概念

脚手架是指为建设工程施工而搭设的上料、堆料、模板支撑体系及用于施工作业的各种临时结构架，是建设工程施工不可缺少的空中作业工具，无论是结构施工，还是临时检修施工，以及设备安装施工，都需要根据操作要求搭设脚手架。其主要用于：

（1）为操作人员提供可靠的作业平台，满足在不同部位进行操作；

（2）可进行短距离的水平运输；

（3）能堆放一定数量的建筑材料和简单的施工工具，承受设计允许的载荷；

（4）挂设安全网，防止高处坠落和高处坠物，保证施工作业人员在高处作业和上下存在交叉作业时的安全。

2. 脚手架分类（图6-1）

（1）脚手架根据用途分两大类：第一类工具式脚手架；第二类落地式（悬挑）脚手架。工具式脚手架按搭设位置中又分为外挂脚手架、吊篮脚手架、附着式升降脚手架。

（2）按脚手架连接节点分为：扣件式脚手架、碗口式脚手架、承插型盘扣式脚手架。

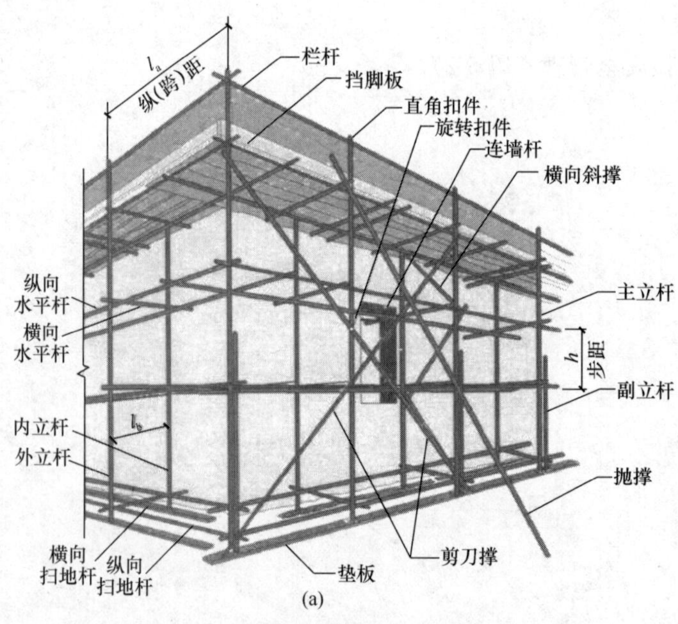

(a)

图6-1　脚手架类型（一）

（a）双排扣件式钢管脚手架

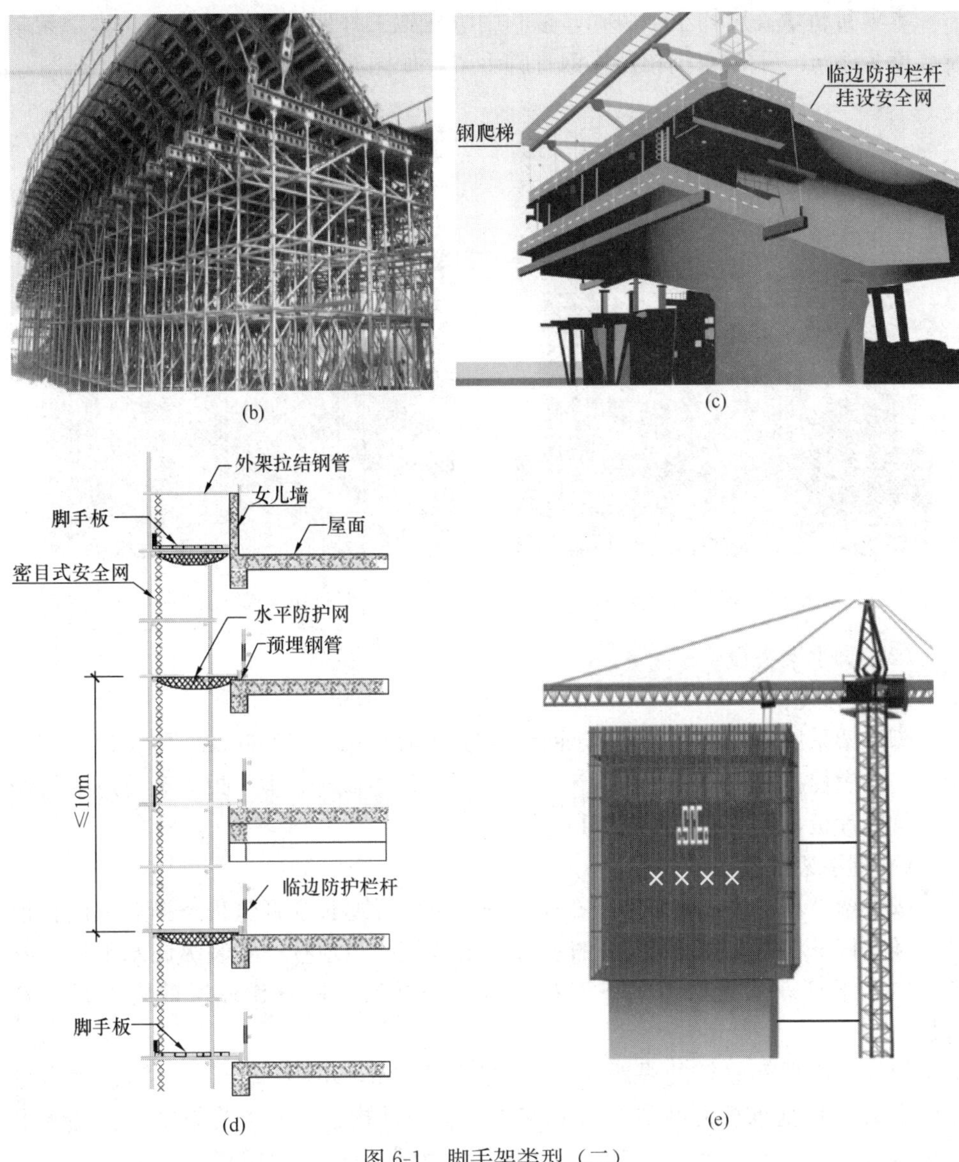

(b)　(c)　(d)　(e)

图 6-1　脚手架类型（二）

(b) 满堂承插型盘扣式支架支撑；(c) 吊篮（挂篮）脚手架；
(d) 外挂脚手架；(e) 附着式脚手架

3. 实训主要技能

(1) 掌握脚手架的检查内容；

(2) 编制脚手架施工方案；

(3) 熟悉脚手架的基本构造及施工要求。

任务 1　扣件式钢管脚手架

一、案例

(1) 工程概况

本项目桥墩高度均小于20m，拟利用墩柱施工外架进行施工作业。脚手架搭设高度为20m，采用双排扣件式钢管脚手架，如图6-2、图6-3所示。

图6-2 墩柱双排架

图6-3 双排扣件式钢管脚手架示意图

（2）脚手架搭设

1）材料规格

脚手架采用Q235焊接钢管，钢管型号为ϕ48.3mm×3.6mm；脚手架采用的扣件，在螺栓拧紧扭力矩达65N·m时，不得发生破坏；脚手板为毛竹或楠竹制作的竹串片板，其质量不大于30kg。

2）脚手架搭设

脚手架搭设顺序：地基砂卵石换填→定位设置通长立杆垫板→排放纵向扫地杆→竖立杆→将纵向扫地杆与立杆扣接→安装横向扫地杆→安装纵向水平杆→安装横向水平杆→安装剪刀撑→安装连墙件→扎安全网→作业层铺脚手板和挡脚板。

扣件式脚手架立杆的纵距1.5m，横距1.3m，步距1.5m，支架整体搭设高度20m，地基承载力不小于0.10MPa。支架结构：地基上为垫木，在垫木上放可调式底座，底座上安装立杆，立杆顶面为脚手板。为增加整体稳定，设置横向剪刀撑、纵向剪刀撑、斜撑，并通过扣件与立杆连接。剪刀撑设置，纵向每隔6m设置剪刀撑，支架按规定设置扫地杆，距离地面20cm。有必要采取防雷避电措施，采用避雷针与大横杆连通、接地线与构造物避雷系统连成一体的措施。

3）安全防护（图6-4）

① 基础平整坚实、立杆支垫牢固。

② 搭设标准双排脚手架，每层操作平台满铺脚手板并设置200mm高红白相间脚踢板，外围设置全封闭式安全网。

③ 搭设专用爬梯，供作业人员上下。

④ 支架外侧粘贴反光膜，夜间施工时有足够照明装置，人员穿着标准反光服。

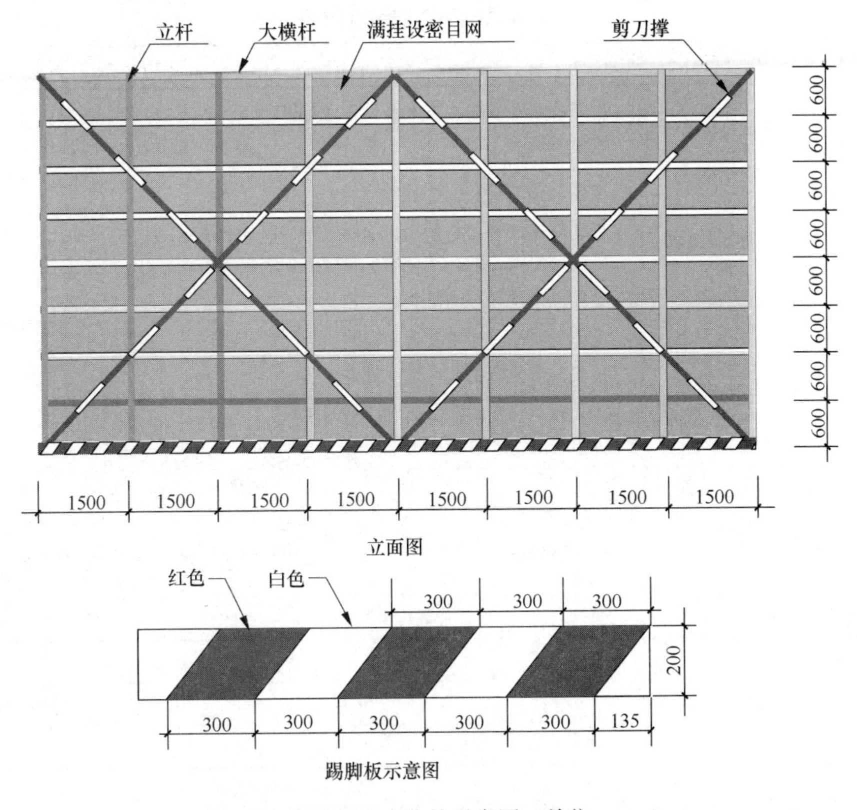

图 6-4 脚手架安全防护示意图（单位：mm）

(3) 检查与验收

1）脚手架检查与验收时间节点

① 基础完工后及脚手架搭设前；

② 作业层上施加荷载前；

③ 每搭设完 6～8m 高度后；

④ 达到设计高度后；

⑤ 遇有六级及以上大风或大雨后、冻结地区解冻后；

⑥ 停用超过 1 个月。

2）脚手架检验依据

①《建筑施工扣件式钢管脚手架安全技术规范》JGJ 130—2011；

② 专项施工方案；

③ 技术交底文件。

3）检查验收程序

① 脚手架搭设完毕、投入使用前，应办理完工验收程序，并形成验收记录。

② 应由项目经理会同技术负责人、现场经理、安全员及相关人员进行检查验收。

③ 验收合格后应在明显位置悬挂验收合格牌。

4）验收内容（表 6-1）

工具式脚手架安装验收表 **表 6-1**

序号	检查项目	检查内容		验收结果
1	施工方案	应有安全专项施工方案及设计计算书； 审批手续齐全		
2	外挂脚手架	架体制作与组装应符合设计要求； 悬挂点部件材质和制作、埋设应符合设计要求； 采用穿墙螺栓的，其材质、强度必须满足要求； 悬挂点强度必须满足要求		
3	其他	脚手架外侧应使用密目网封闭； 操作层应设防护栏杆及挡脚板； 施工负荷符合说明书或设计书的要求； 脚手板应符合有关要求		
4	其他增加的验收项目			
验收结论				
验收人签名	项目技术负责人	项目生产经理		安装单位负责人
	项目安全负责人	搭设班组		其他验收人员

(4) 脚手架日常定期检查内容

1) 杆件的设置和连接，连墙件、支撑、门洞桁架等的构造符合规范和专项施工方案要求；

2) 地基有无积水，底座有无松动，立杆有无悬空；

3) 扣件螺栓有无松动；

4) 安全防护措施是否符合规范要求；

5) 有无超载使用。

(5) 脚手架拆除

拆除顺序：拆架程序应遵循由上而下，先搭后拆的原则，一般的拆除顺序为：安全网→栏杆→脚手板→剪刀撑→横向水平杆→纵向水平杆→立杆。

注意事项：

1) 不准分立面拆架或上下两步同时进行拆架。

2) 严禁先将连墙件整层或数层拆除后再拆脚手架。

3) 当拆除至脚手架立杆最后一根长钢管的高度（约 6m）时，应先在适当位置搭临时抛撑加固后再拆连墙件。

4) 拆除前应对施工人员进行交底。

(6) 脚手架安全管理

1) 扣件式钢管脚手架安装与拆除人员必须是经过考核合格的专业架子工。架子工应持证上岗。

2) 搭设脚手架人员必须戴安全帽、系安全带、穿防滑鞋。

3）作业层上的施工荷载应符合设计要求，不得超载。不得将模板支架、缆风绳、泵送混凝土和砂浆的输送管等固定在脚手架上；严禁悬挂起重设备，严禁拆除或移动架体上安全防护设施。

4）当有六级及以上大风、浓雾、雨、雪天气时应停止脚手架搭设与拆除作业。雨、雪后上架作业应有防滑措施，并应扫除积雪。

5）夜间不宜进行脚手架搭设和拆除作业。

6）搭拆脚手架时，地面应设围栏和警戒标志，并派专人看守，严禁非操作人员入内。

二、实训任务

1. 实训目的

熟悉扣件式钢管脚手架构造，掌握扣件式钢管脚手架搭设施工要点，能进行脚手架检查及验收，了解脚手架安全专项施工方案。

2. 实训内容及实训步骤

实训日期：____________ 实训成绩：____________

班　　级：____________ 小组成员：____________

实训1 在实训基地搭设扣件式钢管脚手架（图6-5）。

图6-5 学生搭设脚手架

步骤1：材料准备：钢管、扣件、线绳、扳手、水平仪、线锤、检测工具（表6-2）。

检测工具汇总表 **表6-2**

名称	数量	用　途
扭矩扳手	1把	检查扣件拧紧力度
游标卡尺	1把	检查焊接钢管外径和壁厚外表面锈蚀深度
塞　尺	1把	检查钢管两端面切斜偏差
钢卷尺	1把	检查钢管弯曲程度和搭设中的距离或长度
水平尺	1把	检查水平杆高度
角　尺	1把	检查剪刀撑与地面的斜角

码6-1 脚手架安全搭设施工要点

步骤2：根据视频（码6-1）演示：搭设脚手架。

步骤3：脚手架检查，完成表6-3。

施工现场检查记录评分表（脚手架） 表 6-3

序号	检查项目		标准分值	扣分标准	检查情况	评定分值
1	脚手架	脚手架所用材质	10	各类脚手架构配件的规格、型号、材质不符合规范或方案要求，扣5分； 脚手架钢管上打孔，扣10分； 各类脚手架构配件弯曲、变形、锈蚀严重，扣5分； 扣件未进行进场复试或技术性能不符合标准，扣5分； 未提供产品质量合格证及质量检验报告，扣5分		
2		脚手架基础	10	架体基础不平、不实，不符合专项施工方案要求，扣10分； 架体基础不在同一高度时未按照规范要求进行搭设，扣10分； 使用过程中开挖脚手架基础下的设备基础或管沟未采取加固措施，扣10分； 架体底部未设置垫板或底座、设置不符合规范或方案要求，扣5分； 架体底部未按规范要求设置扫地杆，扣5分； 使用过程中拆除纵、横向扫地杆，扣5分； 未采取有效排水措施，扣2.5分		
3		架体纵距、横距、步距	10	架体的搭设不符合方案要求，扣10分； 主节点处未设置横向水平杆，扣2.5分； 立杆、纵向水平杆、横向水平杆间距、接头位置超过设计或规范要求，扣5分； 扣件和连接的杆件参数不匹配，扣5分； 使用期间拆除主节点处的纵、横向水平杆，扣5分； 架体变形严重超过规范要求，扣10分； 未按规定组装或漏装杆件、锁臂（锁件）或组装不牢固，扣5分； 扣件紧固力矩达不到标准要求的，扣5分		
4		架体剪刀撑、斜撑、斜杆	10	剪刀撑、斜撑、斜杆设置不符合规范或方案要求，扣10分； 剪刀撑未沿脚手架高度连续设置或角度不符合规范要求，扣5分； 剪刀撑、斜撑、斜杆的接长或与架体杆件固定不符合规范要求，扣5分		
5		架体与建筑物拉结	10	架体与建筑结构拉接方式或间距不符合规范和方案要求，扣5分； 架体底层第一步纵向水平杆处未按规定设置连墙件或未采用其他可靠措施固定，扣5分； 使用期间拆除连墙件，扣10分； 开口型脚手架的两端未设置连墙件和横向斜撑，扣10分； 满堂脚手架架体高宽比超过规范要求未采取与结构拉接或其他可靠的稳定措施，扣10分		

续表

序号	检查项目		标准分值	扣分标准	检查情况	评定分值
6	脚手架	使用荷载	5	各类脚手架施工荷载超过设计规定，扣5分； 架体上固定模板支架、缆风绳、泵送混凝土和砂浆的输送管等设施，悬挂起重设备，扣5分		
7		作业层防护齐全有效	10	作业层无防护，脚手架外侧未采用密目式安全网封闭，扣10分； 脚手架外侧封闭不严，扣5分； 作业层的脚手架铺板、挡脚板、密目网不齐全，脚手架上有探头板，扣5分； 作业层脚手板下未采用安全平网兜底或作业层以下每隔10m未采用安全平网封闭，扣10分； 作业层与建筑物之间未按规定进行封闭，作业面脚手板与建筑物间隙大于200mm，扣5分； 作业层防护栏杆不符合规范要求，扣5分； 作业层未设置高度不小于180mm的挡脚板，扣5分； 使用过程中拆除或移动架体上安全防护设施，扣5分		
8	穿墙螺栓	穿墙螺栓有足够的强度，满足施工需要	5	穿墙螺栓的规格、强度不符合设计要求，扣2.5分； 使用穿墙螺栓未加垫板或单螺母紧固，露扣少于3扣，扣2.5分		
9	斜道	斜道搭设符合要求，防护齐全，有防滑措施	5	斜道搭设及坡度设置不符合方案要求，扣5分； 斜道架体构造不符合脚手架规范要求，扣2.5分； 斜道搭设防护设施不齐全，扣2.5分		
10	资料	施工方案	5	架体搭设未按规定要求编制专项施工方案或未按规定审核、审批，扣5分； 脚手架架体结构设计未按规定要求进行设计计算，扣5分； 架体搭设超过规范允许高度，专项施工方案未按规定组织专家论证，扣5分		
11		脚手架验收	5	架体搭设完毕未办理验收手续，扣5分； 架体分段搭设、分段使用未进行分段验收，扣5分； 验收内容未进行量化，或未经相关责任人签字确认，扣2.5分； 附着式脚手架主要构配件进场未进行验收，扣2.5分		
12		安全技术交底	5	架体搭设前未进行交底或交底未有文字记录，扣5分； 特种作业人员未持证上岗，扣5分； 安装、升降、拆除时未设置警戒区及专人监护，扣2.5分； 安全技术交底无针对性，扣2.5分		
13		检查与隐患整改记录	5	无脚手架检查记录，扣5分； 脚手架检查记录或隐患整改记录不齐全，扣2.5分； 附着式脚手架架体提升前未有检查记录，扣2.5分		
14		职工应知应会	5	无教育培训记录、有试卷代答现象，扣2.5分； 培训教育内容无针对性，无成绩和人员名单，扣2.5分		
合计分			100			
检查责任人：				年　　月　　日		

步骤 4：脚手架验收。根据检查成果，填写表 6-1 验收记录。

步骤 5：成果提交：表 6-1、表 6-3。

实训 2　用硬纸板、木棍模拟搭设扣件式钢管脚手架。

步骤 1：材料准备：硬纸板、木棍（木筷子）、铁丝、油漆、胶带等。

步骤 2：提交搭设简易方案，如 Auto CAD 绘制的脚手架布置图，需指导老师审核。

步骤 3：搭设完后检查验收，留存检查记录、验收记录。参考表 6-1、表 6-3。

步骤 4：悬挂合格标志。

步骤 5：班级展示评比。

实训 3　根据《建筑施工扣件式钢管脚手架安全技术规范》JGJ 130—2011，看图说话。根据图 6-6 示例，补充图 6-7～图 6-8 的说话。

示例：

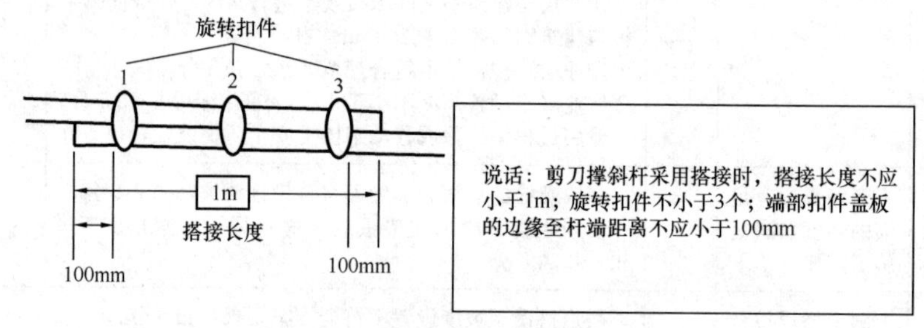

图 6-6　剪刀撑接长搭接接头示意图

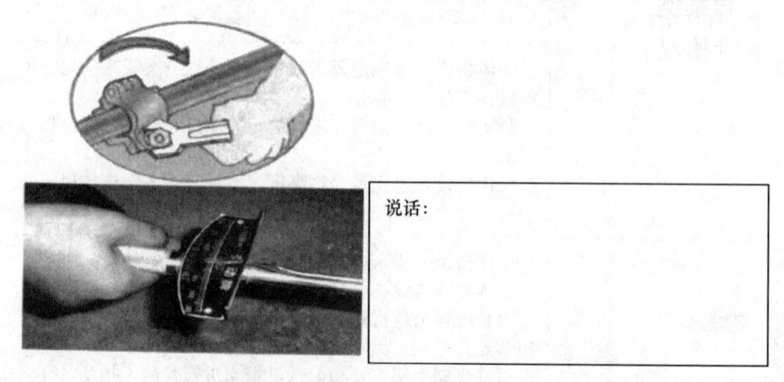

图 6-7　杆件扣件连接紧固要求

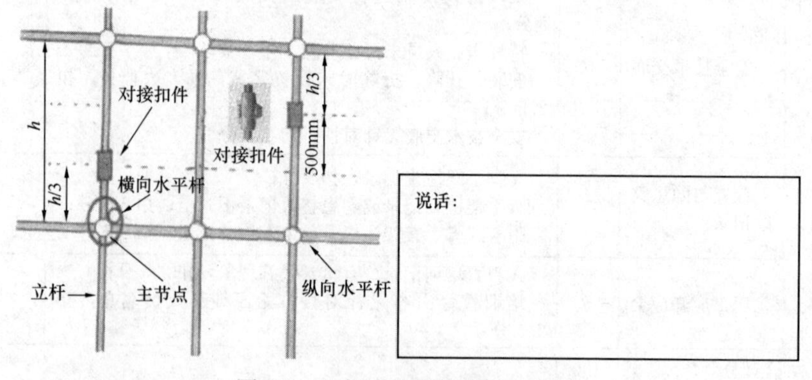

图 6-8　立杆对接接头位置示意图

h—步距

3. 实训考评

实训成绩考核表

序号	考核内容	所占分值	自评评分	小组评分	教师评分
1	是否按要求完成了实训内容	20			
2	是否熟悉扣件式脚手架搭设工艺	15			
3	能否进行脚手架日常检查	25			
4	是否能进行脚手架检查验收	10			
5	实训态度	10			
6	团队合作	10			
7	拓展知识	10			
小计		100			
总评（取小计平均分）					

任务2 模 板 支 架

一、工程案例

（1）工程概况

南中环东延工程第二合同段，西起东中环以东规划七路 K13＋008 处，接第一合同段 NP41 号墩，东至规划东峰路以东 K14＋314 处，全长约 1306m，道路红线宽度 40～59.5m，主线采用高架桥形式。

本项目选择其中 1 联（U25 联）作为示例。U25 联主线预应力钢筋混凝土箱梁（3×30m），采用单箱多室断面，边腹板为斜腹板，中间腹板为直腹板，桥梁标准宽 23.5m，桥高 8.5～10m。

（2）危险性较大工程介绍

在桥梁模板支架施工过程中，危险源汇总见表 6-4。

桥梁模板支架施工危险源辨识汇总表　　　表 6-4

序号	项目名称	危险源类别	应对措施	备注
1	高支模	重大危险源	严格按专项方案、安全技术交底和操作规程操作，作业人员持证上岗、浇筑方式合理、控制支架上荷载、专人负责检查混凝土浇筑过程中的支架和模板变形情况	
2	起重吊装作业	一般危险源	起重设备向安监站申报、备案，接受监督；持证上岗、按操作规程施工、严禁交叉作业。专人指挥、材料捆绑牢固、杜绝违章作业	
3	临时用电	一般危险源	按规范施工，持证上岗；制定电缆、架空线保护措施，控制安全距离	

续表

序号	项目名称	危险源类别	应对措施	备注
4	雨期施工	一般危险源	收集气象信息，做好气象预警，做好截排水措施，备齐防汛物资，做好防汛组织和演练、交底	
5	火灾	一般危险源	制定严密的管理制度及操作规程。特种作业人员持操作证上岗。动火作业前，按照程序办理动火审批手续。对易燃易爆危险品的使用进行交底。易燃易爆危险品应设置独立库房，并派设专人保管，库房处配灭火器等消防器材。对易燃易爆危险品发放情况进行登记。动火作业人员严格执行操作规程。制定应急救援预案	
6	高空作业	一般危险源	规范施工，架子工要具备操作资格，严禁违章指挥，违章作业，安全帽、安全带、防滑鞋配备齐全	

(3) 地质及水文条件

根据地勘报告，结合区域地质资料综合分析判断，场地内地质为：表层填土、湿陷性黄土、粉质黏土、粉土、砂类土，以及河流冲积粉质黏土、粉土。根据地勘报告可知：场地内地下水位埋深较深，且稳定地下水位在现状地表下30.0m以下。

场地在勘察范围内未发现有影响工程稳定与安全的岩溶、滑坡、崩塌、泥石流、采空区等不良地质作用。未发现有膨胀岩土、软土等特殊性岩土，但是该区存在湿陷性粉土、粉质黏土。表层素填土层地基承载力基本容许值 $f_{a0}=90kPa$。

(4) 施工计划

1) 进度计划

南中环东延工程施工第二合同段桥梁满堂支架施工总工期目标：计划开工日期为2020年4月30日，计划竣工日期为2020年7月5日，工期为66日历天。其中U25联的工期20天，开始日期为2020年4月30日，完成日期为2020年5月19日。

2) 材料计划

现浇箱梁施工计划按全桥整套模板（包含内模与外模）配置；满堂式盘扣支架按全桥整套配置；为满足施工工期要求，满堂支架单独招标专业队伍进行搭设，搭设满堂支架的材料经检验合格后，方可使用。

支架材料采用自行招标采购。确保材料规格、质量符合规范标准，以满足工程质量要求。现场材料按照施工组织计划和现场进展情况提前进场，完成必需的检验试验。

(5) 施工工艺

1) 技术参数

本工程难点在于架体支撑面积大，施工时间紧，盘扣式支架能缩短施工周期，支架立杆布置间距对立杆稳定性及地基承载力要求较高。

2) 工艺流程（图6-9）

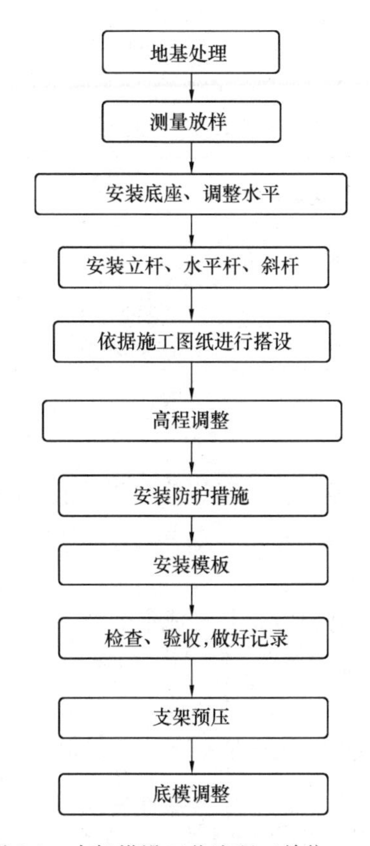

图 6-9　支架搭设工艺流程（单位：mm）

图 6-10　盘扣式支架搭设实例

3）施工方法（图 6-10）

① 地基处理

满堂支架采取两部分作为支架基础，第一部分为桥下两侧道路辅道范围内的路基水泥稳定碎石底基层基础，第二部分为桥底正下方面包砖混凝土基础。尽量在原地面设置排水坡度，确保雨水能及时排出支架地基附近，若原地面排水确有困难，则在支架地基周围开挖矩形截水沟，沟内采用砂浆抹面，将水引出场区。

② 架体搭设

支架搭设前应进行安全交底，并应有文字记录。

（6）支架检查验收

支架搭设完毕后必须组织相关的检查和验收，验收通过后方可进行下一步施工，主要检查事项如下：

1）模板支架验收时间节点

① 基础完工后及模板支架搭设前；

② 超过 8m 的高支模架搭设至一半高度后；

③ 搭设高度达到设计高度后和混凝土浇筑前。

2）验收标准

①《建筑施工承插型盘扣式钢管支架安全技术规程》JGJ 231—2010；

② 专项施工方案；

③ 技术交底文件。

验收标准如表 6-5 所示。

盘扣式支架搭设垂直度与水平度允许偏差　　表 6-5

项目		规格	允许偏差
垂直度	每步架	Φ60 系列	±2.0mm
	支架整体	Φ60 系列	H/1000mm 及±10.0mm
水平度	一跨内水平架两端高差	Φ60 系列	±I/1000mm 及±2.0mm
	支架整体	Φ60 系列	±L/600mm 及±5.0mm

注：H—步距；I—跨度；L—支架长度。

3）验收程序

① 施工单位汇报自检情况，监理、勘察、设计、检测等单位分别汇报相关验收准备工作检查情况；

② 验收组进行现场踏勘及相关资料的核查；

③ 验收组应按规范确定的验收内容逐项进行验收，并形成书面验收记录。验收结论分为：通过验收、整改后通过验收、不通过验收。

④ 对于不同的验收结论，各相关单位应采取以下整改措施：

a）通过验收：准备工作完成，满足施工前各项条件要求，通过验收，可立即组织施工；

b）整改后通过验收：准备工作不充分，施工前存在一般条件不符合要求的，相关单位应按验收意见进行整改，整改后经验收组长检查确认并填写整改情况确认表后方可以组织施工；

c）不通过验收：准备工作不充分，施工前存在主要条件不符合要求的，相关单位应按验收意见实施整改，重新组织验收。

4）检查验收内容

满堂支架检验应遵照《建筑施工承插型盘扣式钢管支架安全技术规程》JGJ 231—2010 执行，并做好相应记录、校审存档（表 6-6）。

落地式支架搭设验收表　　表 6-6

序号	验收项目	搭设要求
1	立杆基础	坚实平整、有排水措施（立杆下铺 5cm 厚木板），按方案执行、应有安全施工专项方案。基础换填、厚度、处理，垫层混凝土强度、厚度及承载力均按规范、方案检查
2	防护栏杆及安全网	按规定设置架体防护栏杆，密目安全网封闭，连接紧密符合要求，操作层设挡脚板
3	斜杆或剪刀撑设置	《建筑施工承插型盘扣式钢管支架安全技术规程》JGJ 231—2010 的第 6.1.3 节
4	支架材料	钢管脚手管外径不得小于 48mm，壁厚不得小于 3.5mm，无严重锈蚀、裂纹、变形，扣件紧固力矩 45～50N·m

续表

序号	验收项目	搭设要求
5	立杆、横杆间距	立杆纵距、横杆间距按设计设置，偏差±50mm
6	立杆、横杆的水平度、垂直度	见表6-5
7	支架接地	四角应设接地保护及避雷装置

（7）日常监测及安全管理

1）日常监测负责人员

工长及安全员负责对支架搭设施工进行日常监测。

2）日常检查、巡查内容

① 模板支架的搭设人员是否持证上岗，支架搭设作业人员是否正确佩戴安全帽、安全带和防滑鞋；是否进行安全技术交底，并有文字记录。

② 支架基底是否积水，底座位置是否准确，连接扣件是否松动。

③ 施工过程中是否有超载的现象。

④ 脚手架架体和杆件是否有变形现象。

⑤ 使用期间，有人擅自拆除架体机构杆件。

⑥ 脚手架在承受六级大风或大暴雨后必须进行全面检查。

⑦ 安全网和各种安全设施是否破损或丢失。

3）混凝土浇筑时脚手架监测

① 浇筑混凝土前必须检查支撑是否可靠、扣件是否松动。

② 浇筑混凝土时必须由模板支设班组设专人看模，随时检查支撑是否变形、松动，并组织及时恢复，在浇筑混凝土过程中应实施实时观测，一般监测频率不超过20～30分钟1次，浇筑完后不少于2小时1次。

③ 变形监测预警值：支架垂直位移为10mm，大梁支架水平位移为8mm，大梁支架及地面沉降位移为10mm（图6-11）。

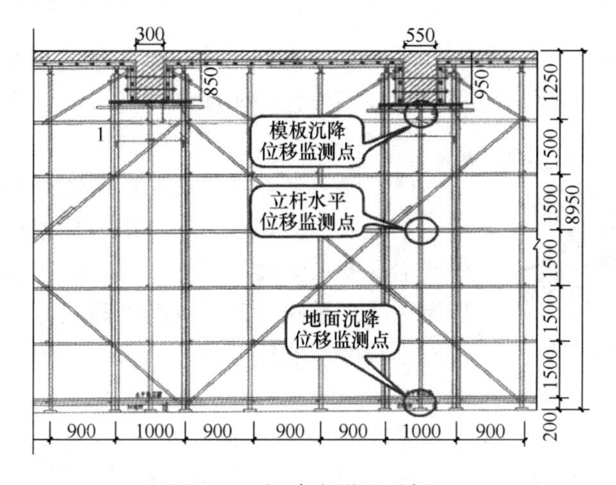

图6-11　沉降变形监测断面

(8) 架体拆除

1) 拆除顺序

① 首先拆除翼缘板下支架。

② 支架的拆除顺序由跨中向两端墩柱处对称卸落。

③ 应在统一指挥下，按后装先拆、先装后拆的顺序拆除。

2) 施工注意事项

① 支架拆除应进行安全交底，并有文字记录。

② 满堂支架经单位工程负责人检查验证并确认不再需要时方可拆除。

③ 满堂支架拆除前应清除架上的材料、工具和杂物。

④ 拆除满堂支架时，应设置警戒区和警戒标志，并由专职人员负责警戒。

⑤ 在拆除过程中，满堂支架的自由悬臂高度不得超过两步，当必须超过两步时，应加临时拉结。

⑥ 作业人员必须站在临时搭设的脚手板上进行拆卸作业，并按规定使用安全防护用品。

⑦ 拆下立杆、水平杆、斜拉杆及其他配件应传送至地面，经验收分类堆存，最后打包待运；拆除时，严禁抛掷，防止碰撞。

⑧ 待支架拆除完毕后，对施工场地进行清理，清除全部建筑垃圾。

二、实例任务

1. 实训目的

熟悉模板支架施工的主要内容，掌握模板支架搭设的主要工艺，会进行日常支架安全检查。

2. 实训内容及实训步骤

实训日期：______________ 实训成绩：______________

班　　级：______________ 小组成员：______________

实训1 条件允许，在实训基地搭设盘扣式支架或观看视频（码6-2），写出支架搭设步骤。

实训2 识读示例支架图（码6-3），查阅《建筑施工承插型盘扣式钢管支架安全技术规范》JGJ/T 231—2021，完成下列内容（部分参考答案见图6-12、图6-13）。

码6-2 盘扣式支架搭设步骤

码6-3 现浇梁满堂支架60杆

(1) 模板支架可调底座调节丝杆外露长度不应大于（　　）mm，作为扫地杆的最底层水平杆离地高度不应大于（　　）mm。模板支架可调托座伸出顶层水平杆悬臂长度严禁超过（　　）mm，且丝杆外露长度严禁超过（　　）mm，可调托座插入立杆长度不得小于（　　）mm。

(2) 立杆间距。横桥向：立杆间距布置为腹板处（　　）cm；底板及翼板下为（　　）cm，悬臂下（　　）cm；纵桥向：跨中底板及翼板下间距为（　　）cm，梁端下间距为（　　）cm；步距：均为（　　）cm。

（3）支架高度采用顶、底托调整。立杆下端用下托支撑于已铺设的方木上，立杆顶部用上托支撑 I14 工字钢及方木。架体高度（有、无）超过 8m 时，（是、否）应设置竖向斜杠或竖向剪刀撑；满堂支架的架体高度（有、无）超过 4 个步距，（是、否）应设置顶层水平斜杠或水平剪刀撑。

（4）横向分配梁。顶托上横桥向铺设（　　）型号工字钢作为分配梁，顺桥向采用（　　）型号方木背楞，方木上铺设 15mm（　　）材料底模。

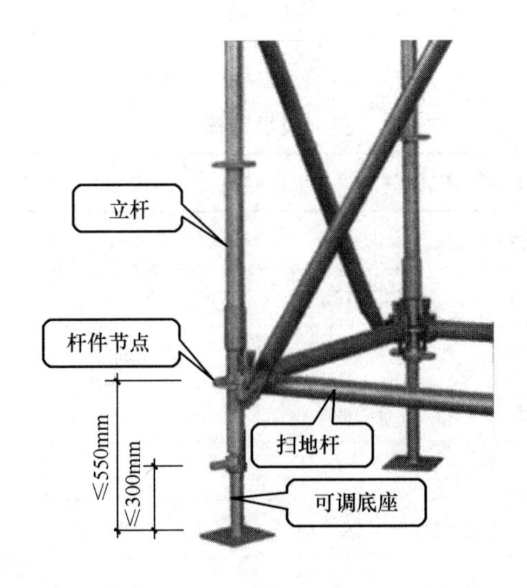

图 6-12　可调底座示意图

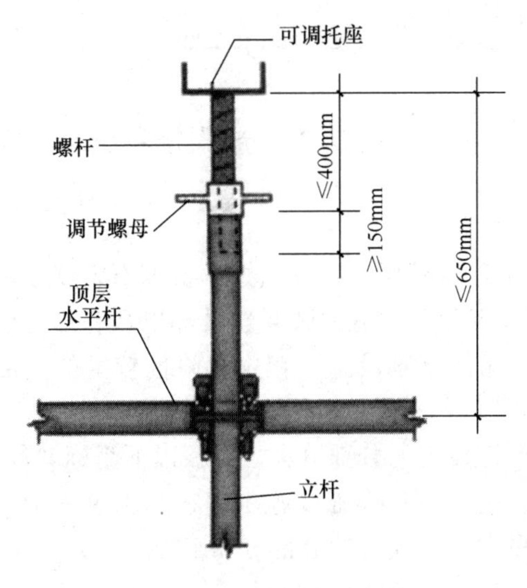

图 6-13　可调托座示意图

实训 3　按表 6-7，结合本节案例的（7）日常监测及安全管理的内容，制作落地支架日常检查、巡查表，并按表 6-7 检查。

落地支架日常检查记录　　表 6-7

序号	检查项目	现场实际情况
1	模板支架的搭设人员是否持证上岗	
2	支架搭设作业人员是否正确佩戴安全帽、安全带和防滑鞋	
……	……	

安全员：　　检查时间：　　年　月　日

3. 实训考评

实训成绩考核表

序号	考核内容	所占分值	自评评分	小组评分	教师评分
1	是否按要求完成了实训内容	20			
2	是否熟悉盘扣式支架搭设工艺	15			
3	能否进行支架日常检查	25			
4	是否能进行支架检查验收	10			
5	实训态度	10			
6	团队合作	10			
7	拓展知识	10			
小计		100			
总评（取小计平均值）					

任务3　危险性较大的分部分项工程安全管理

一、基础知识

本项目的脚手架工程、模板工程及支撑体系等内容属于危险性较大的分部分项工程。2018 年我国住房和城乡建设部出台管理办法，进一步加强和规范房屋建筑和市政基础设施工程中危险性较大的分部分项工程（以下简称“危大工程”）安全管理

码6-4 危险性较大的分部分项工程

（1）危险性较大的分部分项工程（以下简称“危大工程”）（码 6-4）

危大工程是指市政基础设施工程在施工过程中，容易导致人员群死群伤或造成重大经济损失的分部分项工程。

（2）危大工程清单（表 6-8）

（3）有关规定

1）危大工程施工前应编制专项施工方案。专项施工方案应当由施工单位技术负责人审核签字、加盖单位公章，并由总监理工程师审查签字、加盖执业印章后方可实施。

危大工程清单 表 6-8

危险性较大分部分项工程	1. 基坑支护与降水工程。基坑支护工程是指开挖深度超过 3m（含 3m）的基坑（槽）并采用支护结构施工的工程；或基坑虽未超过 3m，但地质条件和周围环境复杂、地下水位在坑底以上等工程
	2. 土方开挖工程。土方开挖工程是指开挖深度超过 3m（含 3m）的基坑、槽土方开挖
	3. 模板工程。各类工具式模板工程，包括滑模、爬模、大模板、飞模等；水平混凝土构件模板支撑系统及特殊结构模板工程
	4. 起重吊装工程。a. 大型构件；b. 大型设备或设施
	5. 脚手架工程。a. 高度超过 24m 的落地式钢管脚手架；b. 附着式升降脚手架，包括整体提升与分片提升；c. 悬挑式脚手架；d. 门形脚手架；e. 挂脚手架；f. 吊篮脚手架；g. 卸料平台
	6. 拆除、爆破工程。采用人工、机械或爆破拆除的工程
	7. 其他危险性较大的工程。a. 建筑幕墙的安装施工；b. 预应力结构张拉施工；c. 隧道工程施工；d. 桥梁工程施工（含架桥）；e. 特种设备施工；f. 网架和索膜结构施工；g. 6m 以上的边坡施工
	8. 大江、大河的导流、截流施工
	9. 港口工程、航道工程
	10. 采用新技术、新工艺、新材料，可能影响建设工程质量安全，已经行政许可，尚无技术标准的施工
应当组织专家论证工程	1. 深基坑工程。开挖深度超过 5m（含 5m）或地下室三层以上（含三层），或深度虽未超过 5m（含 5m），但地质条件和周围环境及地下管线极其复杂的工程
	2. 地下暗挖工程。地下暗挖工程及遇有溶洞、暗河、瓦斯、岩爆、涌泥、断层等地质复杂的隧道工程
	3. 高大模板工程。水平混凝土构件模板支撑系统高度超过 8m，或跨度超过 18m，施工总荷载大于 15kN/m，或集中线荷载大于 20kN/m 的模板支撑系统
	4. 30m 及以上的高空作业的工程
	5. 搭设高度 50m 及以上落地式钢管脚手架工程；提升高度 150m 及以上附着式整体和分片提升脚手架工程；架体高度 20m 及以上的悬挑式脚手架工程
	6. 大江、大河中的深水作业工程
	7. 城市房屋拆除爆破和其他土石爆破工程

2）对于超过一定规模的危大工程，施工单位应当组织召开专家论证会对专项施工方案进行论证，并形成论证报告。专家对论证报告负责并签字确认。

3）施工单位应当在施工现场显著位置公告公示危大工程名称、施工时间和具体责任人员，并在危险区域设置安全警示标志，如图 6-14 所示。

4）施工现场管理人员应当向作业人员进行安全技术交底，并签字确认。

5）专职安全生产管理人员应当对专项施工方案实施情况进行现场监督。

6）施工单位应对危大工程进行施工监测和安全巡视，发现危及人身安全的紧急情况，应当立即组织作业人员撤离危险区域。

7）危大工程施工发生险情或者事故时，施工单位有应急预案与应急处置措施。

8）施工单位应当将专项施工方案及审核、专家论证、交底、现场检查、验

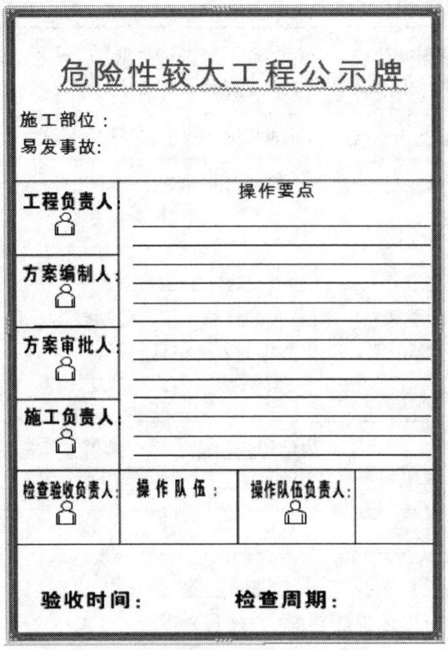

图 6-14　危险性较大工程公示牌

收及整改等相关资料纳入档案管理。

9）施工单位有下列行为之一的，依照《中华人民共和国安全生产法》《建设工程安全生产管理条例》对单位和相关责任人员进行处罚：

① 未向施工现场管理人员和作业人员进行方案交底和安全技术交底的；

② 未在施工现场显著位置公告危大工程，并在危险区域设置安全警示标志的；

③ 项目专职安全生产管理人员未对专项施工方案实施情况进行现场监督的。

（4）危大工程专项施工方案

1）概念

危大工程专项施工方案指工程项目部在编制施工组织设计的基础上，针对危大工程单独编制的安全技术措施文件。

2）主要内容

① 工程概况：危大工程概况和特点、施工平面布置、施工要求和技术保证条件；

② 编制依据：相关法律、法规、规范性文件、标准、规范及施工图设计文件、施工组织设计等；

③ 施工计划：包括施工进度计划、材料与设备计划；

④ 施工工艺技术：技术参数、工艺流程、施工方法、操作要求、检查要求等；

⑤ 施工安全保证措施：组织保障措施、技术措施、监测监控措施等；

⑥ 施工管理及作业人员配备和分工：施工管理人员、专职安全生产管理人员、特种作业人员、其他作业人员等；

⑦ 验收要求：验收标准、验收程序、验收内容、验收人员等；

⑧ 应急处置措施；

⑨ 计算书及相关施工图纸。

3）危大工程验收人员

① 总承包单位和分包单位技术负责人或授权委派的专业技术人员、项目负责人、项目技术负责人、专项施工方案编制人员、项目专职安全生产管理人员及相关人员；

② 项目总监理工程师及专业监理工程师；

③ 有关勘察、设计和监测单位项目技术负责人。

二、实训任务

1. 实训目的

能辨识危大工程，能对危大工程进行施工监测和安全巡视，会填写危险性较大的分部分项工程安全监管台账；了解危大工程专项施工方案。

2. 实训内容及实训步骤

实训日期：____________　　实训成绩：____________

班　　级：____________　　小组成员：____________

实训 1　根据表 6-8，判断项目 6 的任务 1、任务 2 中的案例是否属于危大工程。

实训 2　学习《危险性较大的分部分项工程安全管理规定》，根据码 6-5 制作危大工程安全监管台账电子表，填写完整后，提交实训成果。

码6-5 危大工程安全监管台账

3. 实训考评

实训成绩考核表

序号	考核内容	所占分值	自评评分	小组评分	教师评分
1	是否按要求完成了实训内容	25			
2	能否准确识别危大工程	20			
3	能否填写危大工程安全监管台账	25			
4	实训态度	10			
5	团队合作	10			
6	拓展知识	10			
小计		100			
总评（取小计平均分）					

项目7　基 坑 工 程 安 全

1. 概念

（1）基坑工程

为保证基坑施工主体地下结构的安全和周围环境不受损害而采取的基坑支护、降排水和土方开挖工程为基坑工程。

（2）基坑支护

基坑支护是为保护地下主体结构施工和基坑周边环境的安全，对基坑采用的临时性支挡、加固、保护与地下水控制的措施。

（3）土方边坡

为保证土方工程施工时土体的稳定，防止塌方，保证施工安全，当挖土超过一定的深度时，应留置一定的坡度。土方边坡的坡度依其高度 H 与底宽度 B 之比来表示，常用坡率 $1:m$ 表示，m 为坡度系数。边坡可以做成直线形边坡、阶梯形边坡及折线形，如图 7-1 所示。

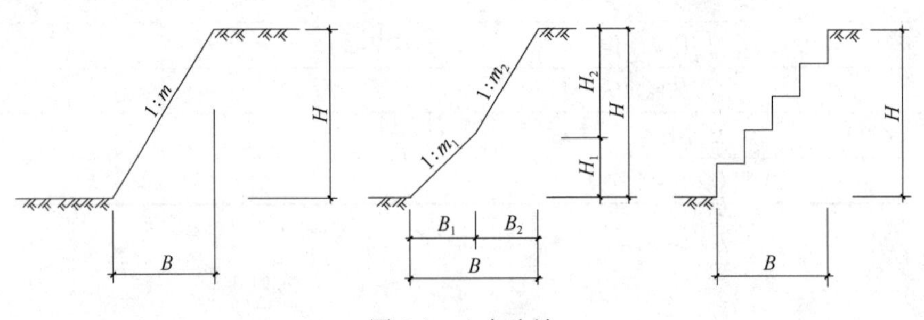

图 7-1　土方边坡

（4）基坑降水

基坑降水是指在开挖基坑时，地下水位高于开挖底面，地下水会不断渗入坑内，为保证基坑能在干燥条件下施工，防止边坡失稳、坑内流砂、坑底隆起、坑底管涌和地基承载力下降而做的降水工作。基坑降水有集水坑降水、井点降水等（图 7-2）。

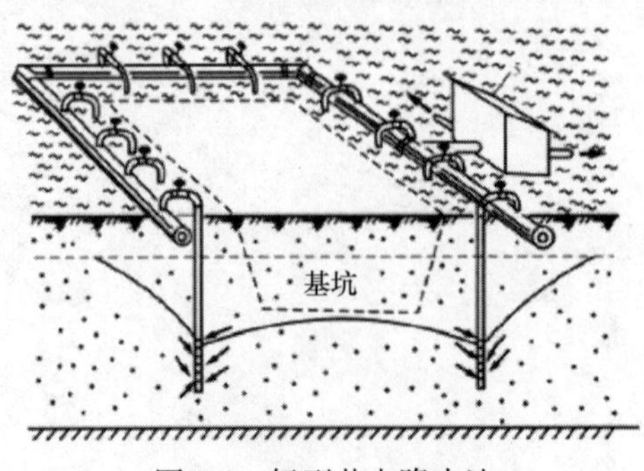

图 7-2　轻型井点降水法

2. 实训主要技能

（1）熟悉基坑工程日常检查工作内容；

（2）掌握基坑监测主要内容及方法；

（3）掌握基坑安全防护的主要措施；

（4）熟悉基坑支护形式及要求。

3. 基坑工程施工综合案例

（1）工程概况

1）项目概况

某工程二标段，西起 K13＋008，衔接一标段 NP41 号墩里程，东至 K14＋314，全长约 1306m，道路红线宽度 40～59.5m，主线采用高架形式。主要建设内容有桥梁、道路、排水、电力、防洪等工程。

2）工程地质情况

根据地勘报告，场地内地质为：表层填土、湿陷性黄土、粉质黏土、粉土、砂类土，以及河流冲积粉质黏土、粉土。场地内地下水位埋深较深，且稳定地下水位在现状地表下 30.0m。场地在勘察范围内未发现有影响工程稳定与安全的岩溶、滑坡、崩塌、泥石流、采空区等不良地质作用。未发现有膨胀岩土、软土等特殊性岩土，但是该区存在湿陷性粉土、粉质黏土。

3）工程周边情况调查

根据现场及周边环境调查分析，本工程地处××市××区光明东街北侧 390m 处，地处开阔区域，工程施工范围内无高大建筑，施工范围内地下无影响工程施工的结构。

（2）危险性较大工程概况

1）桥梁承台基坑

本标段桥梁均采用承台＋钻孔桩的基础形式，承台尺寸类型：

类型 1：承台尺寸 10.5m×6.5m×2.5m（图 7-3）；类型 2：承台尺寸 14.5m×6.5m×2.8m。

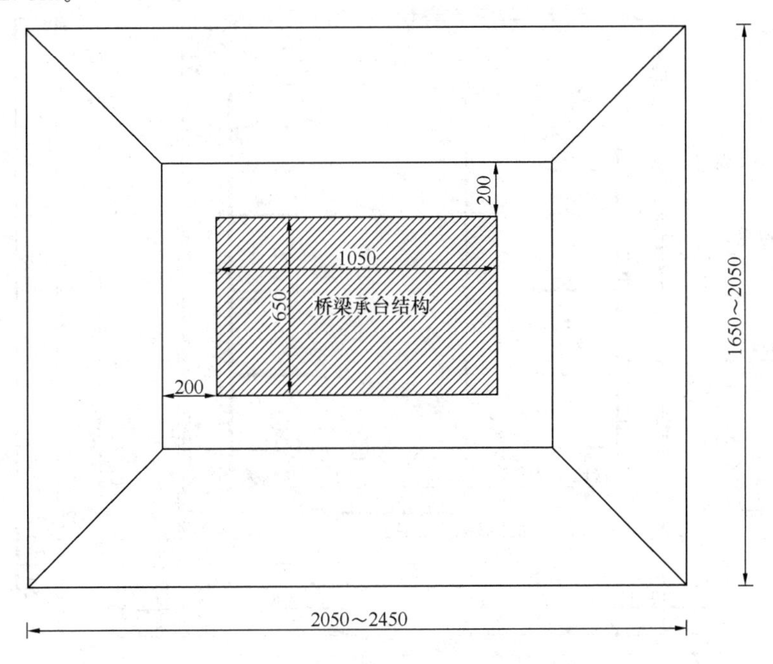

图 7-3 承台基坑平面图（单位：cm）

2）雨污水管线深基坑

沿道路两侧新建 $DN600 \sim DN800$ 雨水管，由东向西接入新建黑驼沟暗涵。沿道路一侧新建 $DN400$ 污水管线，开挖深度 3～4m。

3）电力管线深基坑

电力管线沿道路两侧进行布置，北侧规划 2m×2.2m 电力隧道，南侧规划 16 孔 175mm 电力排管，开挖深度 3.0～4.5m 之间，如图 7-4、图 7-5 所示。

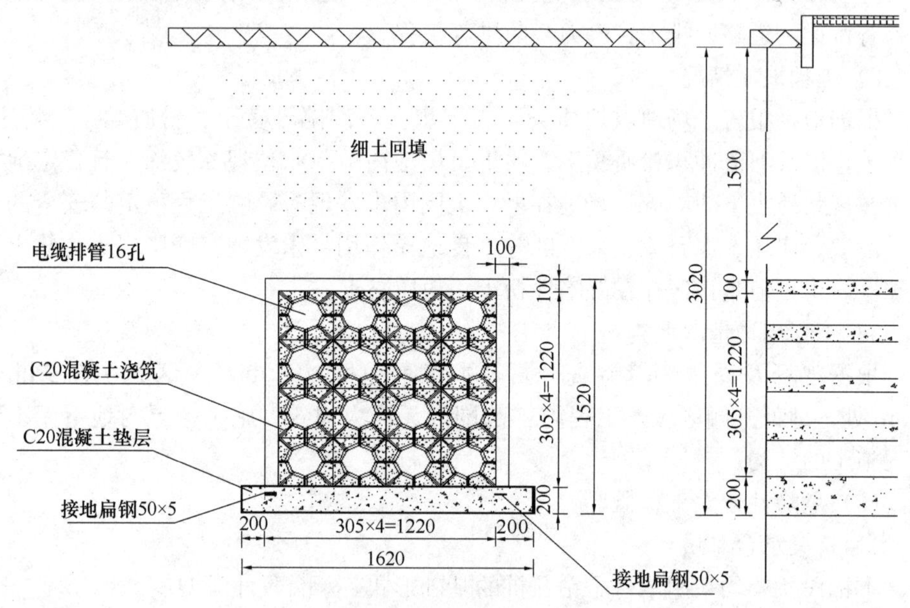

图 7-4　电力排管横断面图（单位：mm）

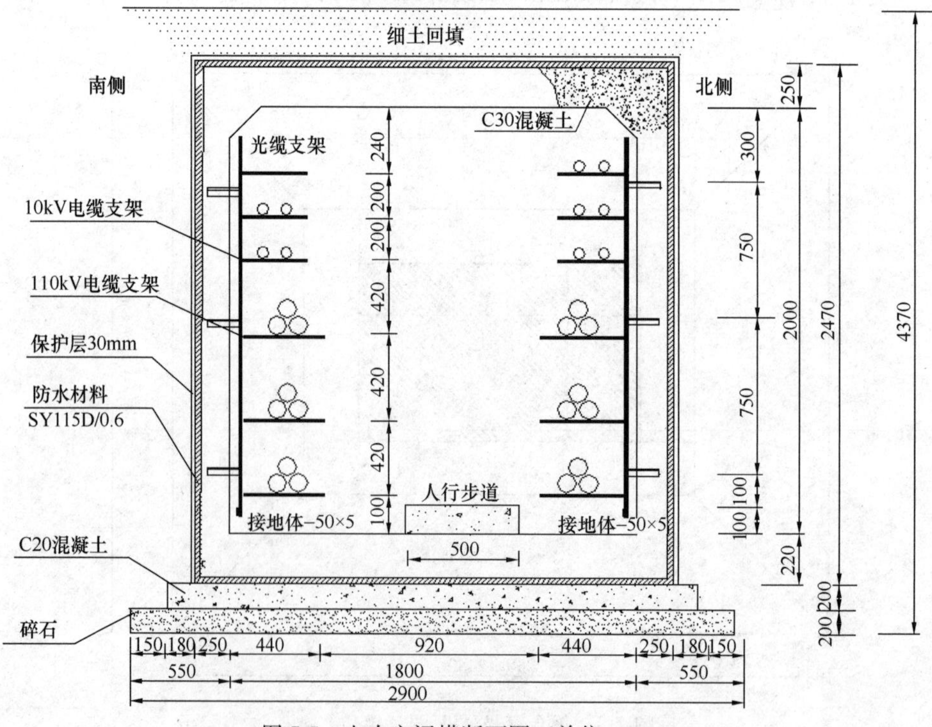

图 7-5　电力方涵横断面图（单位：mm）

(3) 基坑开挖方案选择

1) 承台基坑开挖方案

根据开挖深度及对其周边安全确定开挖方案：

方案一：开挖深度超过 3m（含 3m），且小于 5m 的基坑，根据地质情况放坡开挖，放坡坡率 1∶(0.75～1.25)，见图 7-6。

方案二：开挖深度大于等于 5m 的基坑，采用钢板桩支护后，进行基坑开挖。钢板桩采用 12m 40b 工字钢，见图 7-7。

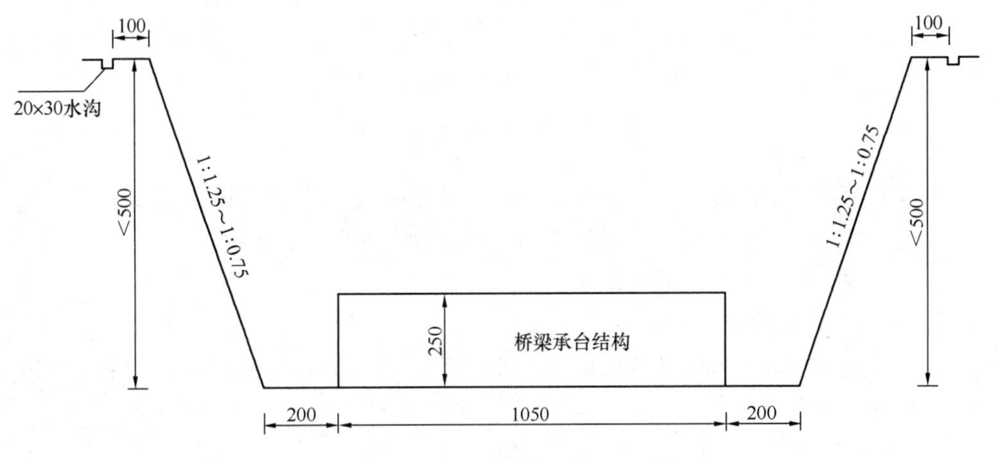

图 7-6　方案一：承台基坑放坡开挖（单位：cm）

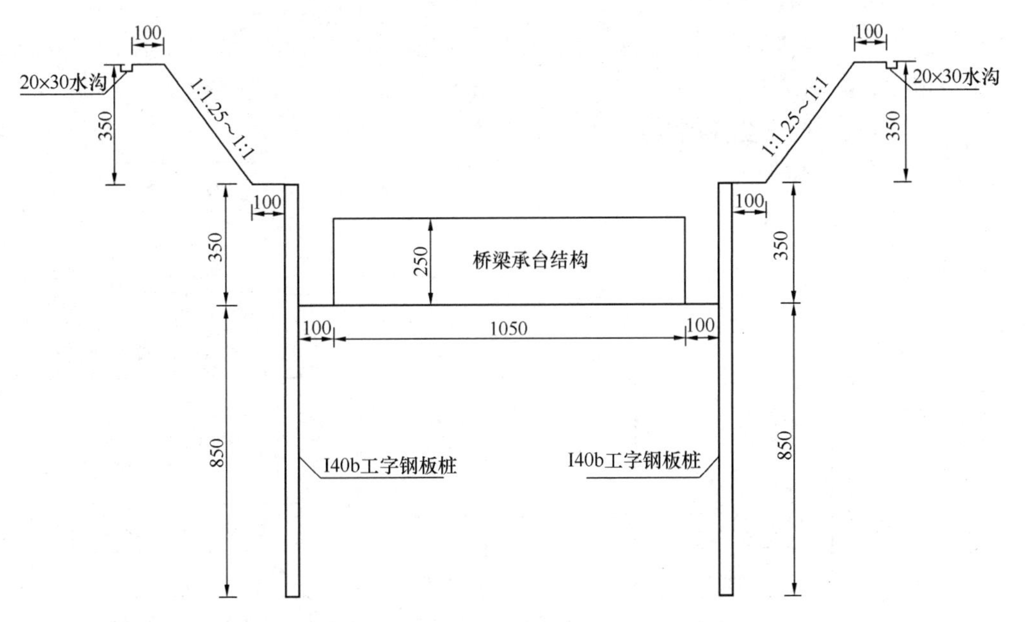

图 7-7　方案二：承台基坑钢板桩支护开挖（单位：cm）

2) 雨污水管基坑开挖方案

方案一：基坑（槽）所处土层地质良好，并且基坑（槽）所在位置具有放坡开挖空间时或管道埋深 h＜3.0m，可进行放坡开挖，坡度约 1∶1.25～1∶0.75；当 3.0m＜h＜5.0m 时，可采取两级放坡，每级不超过 3m，坡间放坡平台宽度大于等于 1.0m，如图 7-8 所示。

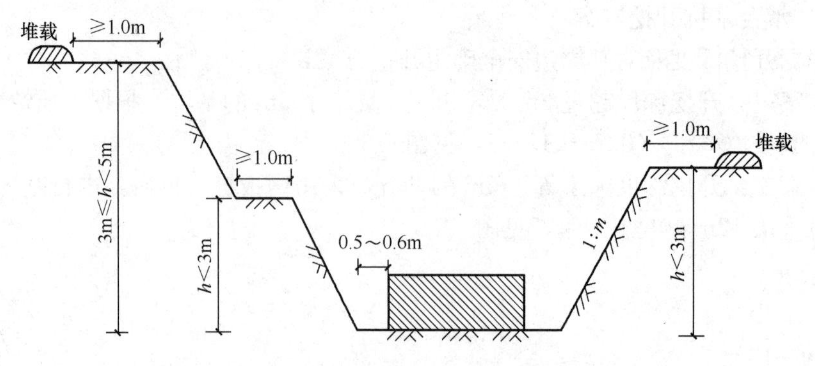

图 7-8 基坑放坡开挖示意图

方案二：开挖深度大于等于 5m 的基坑采用钢板桩支护结构主动防护后，进行基坑开挖。部分埋深较大区段增设横向钢支撑，如图 7-9 所示。

降水方式均采用坑内明排降水法。

3）电力管线深基坑

电力排管与电力方涵开挖深度在 3.5～4.5m 之间，根据地质条件，采用放坡开挖方案，见图 7-8。

（4）基坑开挖

1）基坑（槽）开挖工艺流程

施工原则为“先深后浅、有压让无压、小管让大管”，施工顺序为污水→雨水→电力，如图 7-10 所示。

2）基坑开挖安全控制要点

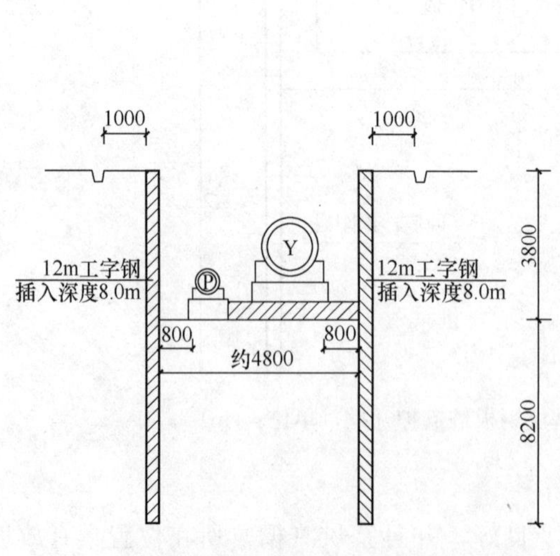

图 7-9 方案二：管线基坑钢板桩支护开挖（单位：mm）

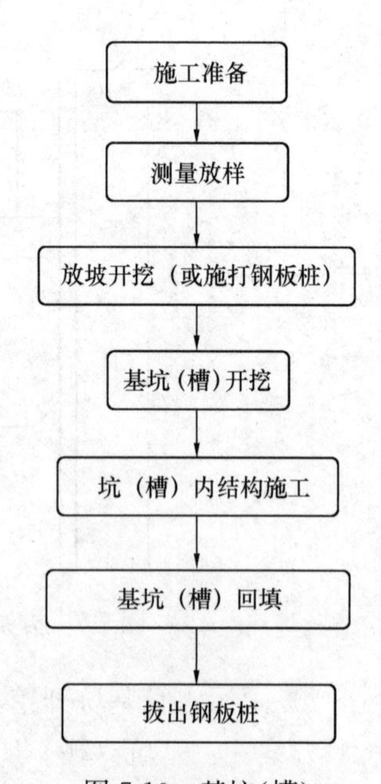

图 7-10 基坑（槽）开挖工艺流程

① 开挖前

a）根据《危险性较大的分部分项工程安全管理规定》，本工程的桥梁承台、雨污水管道工程及电力工程均涉及超过 3m（含 3m）的基坑（槽）的土方开挖因此编制了施工专项方案，并按规定完成了审核、审批。

b）桥梁部分承台基坑开挖深度超过 5m（含 5m）的基坑（槽）的土方开挖属于“超过一定规模的危险性较大的分部分项工程范围”中深基坑工程，按规定组织专家进行了论证。

c）人工开挖的狭窄基槽，开挖深度较大或存在边坡塌方危险采取了钢板桩支护措施。

d）施工前将基坑周边地面整平，在顶部设置了排水沟，防止地表水流入基坑内。

e）在实施开挖前，对全体施工人员进行了详细的技术交底。尤其强调了开挖分层位置、标高、深度等技术指标和质量标准，以及其他安全事项。

② 开挖中

a）根据地勘报告，本项目稳定地下水位较低，基坑开挖深度范围内未采取降排水措施。但如果开挖过程中发现地下水，应对坡顶、坡面、坡脚采取降排水措施，基坑底四周设排水沟和集水井及时排出积水。

b）坑边堆载。基坑边堆置土、料具等时应确保其距基坑边沿的距离符合要求。基坑周边严禁大量堆载，挖出的土方及时运至指定弃土场。

c）施工期间，土方作业机械和运输车辆等大型机械不得紧贴基坑边沿行走。

d）开挖过程中发现土体性状与地质报告不符时要及时通知设计单位，进行围护结构验算。

e）安全防护。承台基坑、管道沟槽周边设置临边防护，设置安全警示标志（图 7-11～图 7-13）。

f）基坑监测。根据《建筑基坑工程监测技术标准》GB 50497—2019 第 3.0.1

图 7-11 承台基坑防护

条规定：开挖深度大于或等于 5m 的土质基坑应实施基坑工程监测，如图 7-14 所示。

图 7-12　承台基坑安全通道

图 7-13　雨污水管道、电力工程沟槽安全防护

图 7-14　基坑监测

③ 开挖后

土方开挖完成后应尽快清底验槽，浇筑混凝土垫层，封闭基坑，防止水浸泡基底和长期暴露在空气中，未浇筑垫层的坑底最大面积不超过 200m^2，垫层必须在基坑见底后 24 小时内浇筑完成，并及时进行管道安装施工。

（5）安全验收

1）验收条件（表 7-1）

深基坑开挖施工前验收条件、内容和要点　　表 7-1

序号	验收条件	内容	验收要点
1	主控条件	勘察设计交底	施工现场已完成勘察和设计交底
2		基坑开挖方案评审	基坑开挖施工方案通过专家评审，评审意见已整改落实
3		专项方案审批	基坑开挖、围护结构缺陷处理方案已审批，已向管理人员和作业人员进行了交底
4		基坑支护	支护已完成，并满足开挖条件和设计强度要求
5		地基处理	地基处理已完成，已有检测报告并达到设计要求
6		降水	降水已按设计要求完成，现场运行满足开挖要求
7		排水	施工现场坑外排水措施已落实
8		监控量测	周围环境及基坑监测控制已按批准监测方案布点，初始值已测取，控制值已确定（含第三方监测和施工监测）
9		应急预案及应急准备	有针对性、可操作性的应急预案编制完成并落实抢险设备、物资、人员；应急物资到位，通信畅通，应急照明、消防器材符合要求
10	一般条件	视频监控	视频监控系统已安装到位并可正常使用
11		材料及构（配）件	质量证明文件齐全，复试合格
12		设备机具	进场验收记录齐全有效，特种设备安全技术档案齐全。安装稳固，防护到位
13		分包管理	分包队伍资质、许可证等资料齐全，安全生产协议已签订，人员资格满足要求
14		作业人员	拟上岗人员安全培训资料齐全，考核合格；特种作业人员类别和数量满足作业要求，操作证齐全。施工和安全技术交底已完成

2）验收内容

① 基坑开挖放坡率，基底平面尺寸。

② 钢板桩施工允许偏差或允许值：成桩垂直度小于等于 1/100；桩身弯曲度小于 2%L（L 为桩长）；轴线位置±50mm；桩长±100mm。

3）验收人员

基坑开挖与支护所有工序施工验收前，先由施工班组长和质检员进行自检、互检，再由质量部进行检查评定、确认。自检评定合格后报监理和甲方代表进行隐蔽验收，验收合格后进行下道工序施工。

任务1　土　方　开　挖

1. 实训目的

熟悉土方开挖施工的主要内容，掌握土方开挖施工的主要安全控制措施，会进行土方开挖施工安全检查。

2. 实训内容及实训步骤

实训日期：＿＿＿＿＿＿＿＿　　实训成绩：＿＿＿＿＿＿＿＿

班　　级：＿＿＿＿＿＿＿＿　　小组成员：＿＿＿＿＿＿＿＿

码7-1　基坑工程

实训1　仔细阅读案例，查阅《建筑基坑工程监测技术标准》GB 50497—2019、《建筑基坑支护支护技术规程》JGJ 120—2012、《建筑深基坑工程施工安全技术规范》JGJ 311—2013，观看视频（码7-1），完成表7-2。

基坑开挖检查项目　　表7-2

序号	项目	内容	说明理由或依据
1	施工方案与交底	（1）案例中基坑工程（是 、否）需要编制专项施工方案，专项施工方案（是、否）按规定审核、审批。 （2）案例中（是 、否）有超过一定规模的深基坑工程，专项施工方案，（是 、否）按规定组织专家论证。 （3）专项施工方案实施前，（是、否）应进行安全技术交底	
2	地下水控制	（1）基坑开挖深度范围内有地下水时（有、无）采取有效的降排水措施。 （2）降水时（有、无）防止邻近建（构）筑物沉降、倾斜的措施。 （3）基坑边沿周边地面（有、无）设置截、排水沟，防止地面水冲刷基坑侧壁。 （4）放坡开挖时（有、无）对坡顶、坡面、坡脚采取降排水措施。 （5）基坑底周边（有、无）设置排水沟和集水井。 （6）围护结构（有、无）漏水、漏浆或基坑底（有、无）积水、涌水或涌砂	
3	基坑支护	（1）放坡开挖时自然放坡的坡率是（　　），（是、否）符合设计要求。 （2）当开挖深度较大并存在边坡塌方危险时（有、无）支护措施，如果有，采取的是（　）支护	
4	基坑开挖	（1）下层土方开挖未按设计要求进行，提前开挖或超挖。 （2）未按设计和专项方案要求分层、分段、限时开挖或开挖不均衡不对称。 （3）（有、无）设置挖土机械、运输车辆进入基坑的坡道。 （4）机械操作人员（有、无）操作资格证书。 （5）机械在软土场地作业时，（是、否）采取铺设渣土、砂石等硬化措施	

续表

序号	项目	内容	说明理由或依据
5	施工荷载	基坑边堆置土、料具等与坑边距离是（　　）m，（是、否）超过基坑设计允许范围	
6	基坑监测	根据规定，案例中基坑开挖（是、否）实施施工监测	
7	安全防护	（1）开挖深度 2m 及以上的基坑周边（是、否）按临边作业要求设置防护栏杆。 （2）基坑内（是、否）设置供人员上下的专用通道	

实训 2 通过学习（码 7-2）指出常见基坑支护方式。

码7-2 常见的基坑支护形式

实训 3 制作基坑临边安全防护工程。

步骤 1：材料准备。硬纸板、铁丝、小木棍（竹筷）、油漆（红、白色）、剪刀等。

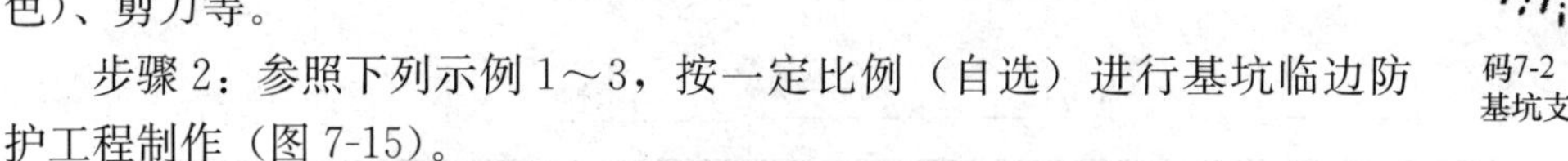

步骤 2：参照下列示例 1～3，按一定比例（自选）进行基坑临边防护工程制作（图 7-15）。

图 7-15 基坑临边防护示意图

示例 1 网片式防护围栏（图 7-16）

（1）基坑周边防护，临边防护：立柱采用 40mm×40mm 方钢，在上下两端 250mm 处各焊接 50mm×50mm×6mm 的钢板，两道连接板采用 10mm 螺栓固定连接。

（2）防护栏外框采用 30mm×30mm 方钢，每片高 1200mm，宽 1900mm，底下 200mm 处加设钢板作为踢脚板，中间采用钢板网，钢丝直径或截面不小于 2mm ，网孔边长不大于 20mm。

（3）立柱和踢脚板表面刷红白相间油漆警示，钢板网刷红色油漆，并张挂“当心坠落”安全警示标牌。

示例 2 格栅式防护围栏（图 7-17）

基坑临边及结构临边，采用方钢制作，刷红白相间油漆，高度大于或等于 1200mm。

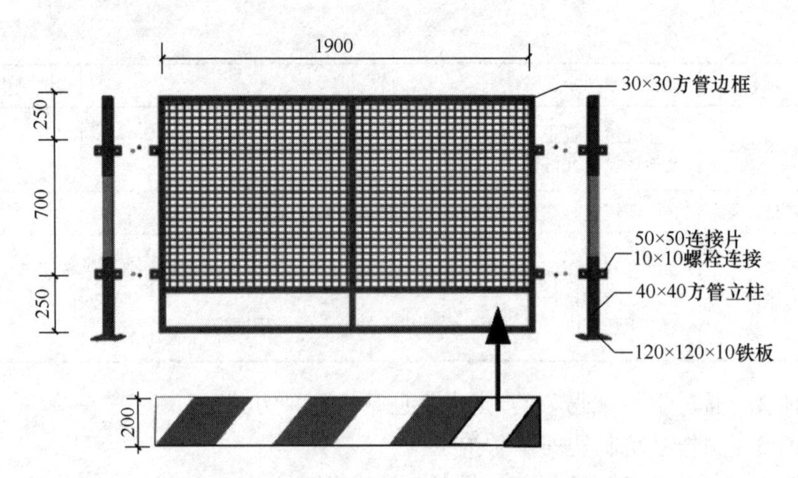

图 7-16　网片式防护围栏（单位：mm）

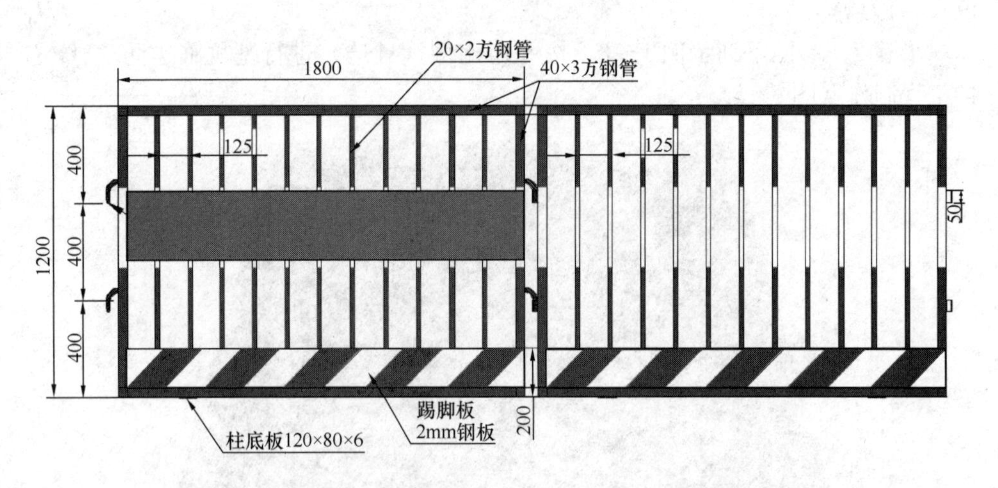

图 7-17　格栅式防护围栏（单位：mm）

示例 3　整体定制式防护栏杆（图 7-18）

一般采用钢管搭设，采用二道栏杆形式，第一道栏杆高度 1200mm，第二道高度 600mm，立杆间距不大于 2000mm。防护内侧挂满密目安全网，下设 200mm

图 7-18　防护栏杆

高踢脚板，防护栏杆及踢脚板刷红白相间安全警戒色。将安全提示牌悬挂于防护栏杆和密目安全网内侧，面向坑外，且每面临边至少挂两个。

3. 实训考评

实训成绩考核表

序号	考核内容	所占分值	自评评分	小组评分	教师评分
1	是否按要求完成了实训内容	20			
2	是否掌握临边防护安全施工的内容	20			
3	是否熟悉基坑支护形式	15			
4	是否了解基坑工程安全知识	15			
5	实训态度	10			
6	团队合作	10			
7	拓展知识	10			
小计		100			
总评（取小计平均分）					

任务2　基坑工程监测

1. 实训目的

熟悉哪些基坑工程需要进行工程监测，熟悉基坑工程监测方法，会对基坑工程进行日常巡查。

2. 实训内容及实训步骤

实训日期：＿＿＿＿＿＿＿＿　实训成绩：＿＿＿＿＿＿＿＿

班　　级：＿＿＿＿＿＿＿＿　小组成员：＿＿＿＿＿＿＿＿

实训　《建筑基坑工程监测技术标准》GB 50497—2019第3.0.1条规定：下列基坑应实施基坑工程监测：

（1）基坑设计安全等级为一、二级的基坑。

（2）开挖深度大于或等于5m的下列基坑：

1）土质基坑；

2）极软岩基坑、破碎的软岩基坑、极破碎的岩体基坑；

3）上部为土体，下部为极软岩、破碎的软岩、极破碎的岩体构成的土岩组合基坑。

（3）开挖深度小于5m但现场地质情况和周围环境较复杂的基坑。

要求：以小组为单位，利用水准仪、全站仪模拟实训基坑工程监测。

步骤1：准备工具：水准仪（DS_1）、铟瓦合金标尺、全站仪（测角精度0.5″）、棱镜及三脚架、计算器等。

步骤2：布置监测点。

根据现场情况，在基坑开挖施工前布设沉降及位移监测点，主要布设于基坑边外侧1m处（不受施工干扰），按道路走向每隔20m左右对称各布置一监测点。

监测点采用混凝土与不锈钢观测标制作。

步骤 3：实施监测

（1）监测项目（表 7-3、表 7-4）

土质基坑工程仪器监测项目表 **表 7-3**

监测项目		基坑工程安全等级		
		一级	二级	三级
围护墙（边坡）顶部水平位移		应测	应测	应测
围护墙（边坡）顶部竖向位移		应测	应测	应测
深层水平位移		应测	应测	宜测
立柱竖向位移		应测	应测	宜测
围护墙内力		宜测	可测	可测
支撑轴力		应测	应测	宜测
立柱内力		可测	可测	可测
锚杆轴力		应测	宜测	可测
坑底隆起		可测	可测	可测
围护墙侧向土压力		可测	可测	可测
孔隙水压力		可测	可测	可测
地下水位		应测	应测	应测
土体分层竖向位移		可测	可测	可测
周边地表竖向位移		应测	应测	宜测
周边建筑	竖向位移	应测	应测	应测
	倾斜	应测	宜测	可测
	水平位移	宜测	可测	可测
周边建筑裂缝、地表裂缝		应测	应测	应测
周边管线	竖向位移	应测	应测	应测
	水平位移	可测	可测	可测
周边道路竖向位移		应测	宜测	可测

岩体基坑工程仪器监测项目表 **表 7-4**

监测项目		基坑设计安全等级		
		一级	二级	三级
坑顶水平位移		应测	应测	应测
坑顶竖向位移		应测	宜测	可测
锚杆轴力		应测	宜测	可测
地下水、渗水与降雨关系		宜测	可测	可测
周边地表竖向位移		应测	宜测	可测
周边建筑	竖向位移	应测	宜测	可测
	倾斜	宜测	可测	可测
	水平位移	宜测	可测	可测
周边建筑裂缝、地表裂缝		应测	宜测	可测
周边管线	竖向位移	应测	宜测	可测
	水平位移	宜测	可测	可测
周边道路竖向位移		应测	宜测	可测

示例：某管廊基坑工程水平位移监测记录（表7-5、图7-19）。

某管廊基坑工程水平位移监测记录表　　　　表7-5

日期	本次水平位移（mm）	累计水平位移（mm）	日变化率（mm）	开挖深度（m）	上层支撑安装	下层支撑安装	……	……
2017/7/1								
2017/7/2								
2017/7/3	0	0	0					
2017/7/4	−6	−6	6					
2017/7/5	−31	−37	31	8.5	已支撑			
2017/7/6	−5	−42	5	8.5	已支撑			
2017/7/7	−4	−46	4	8.5	已支撑			
2017/7/8	0	−46	0	8.5	已支撑			
2017/7/9	0	−46	0					
2017/7/10	0	−46	0					
2017/7/11	0	−46	0					
2017/7/12	0	−46	0					

注：正值为向外位移，负值为向内位移。

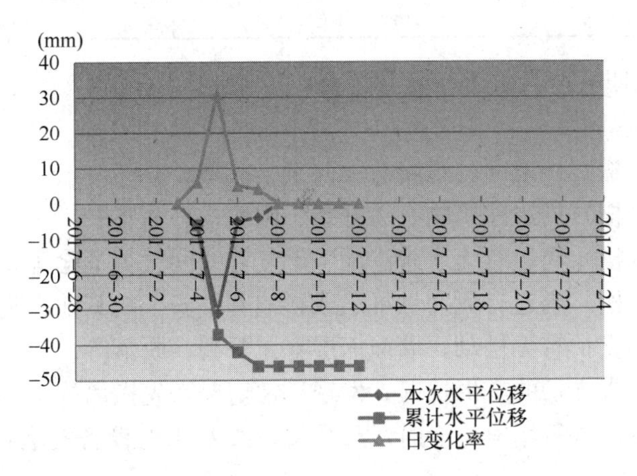

图7-19　某管廊基坑工程水平位移监测曲线

（2）在监测过程中，当变形总量达到报警值时，立即通知施工单位和监理单位以便采取有效的技术措施控制变形过大或做出危险预警。

（3）从基坑开挖施工开始，陆续开展各项目监测工作，直至施工回填完成，且应根据相关规范或工程实际情况确定各监测项目停止监测时间。

（4）停止监测标准

结束监测工作应满足《建筑基坑支护技术规程》JGJ 120—2012、《建筑变形测量规范》JGJ 8—2016相关要求。

步骤4：监测频率及报警指标

（1）监测频率

根据设计、基坑类别及本地区工程经验，本基坑及建筑物工程现场仪器监测的频率见表7-6。

现场仪器监测的监测频率 **表7-6**

施工进程		监测项目	
		坑顶水平位移、纵向位移	坑顶沉降
开挖深度（m）	≤3	1次/2d	1次/2d
	3～8	1次/d	1次/d
底板浇筑后时间（d）	≤7	1次/d	1次/2d
	7～14	1次/2d	1次/3d
	14～28	1次/3d	1次/5d
	＞28	1次/5d	1次/7d

（2）基坑监测预警值（表7-7）

基坑工程监测预警值 **表7-7**

监测项目	日变化量	累计值
坑顶水平位移	3mm，且连续3天	20mm
坑顶纵向位移	3mm，且连续3天	20mm
坑顶沉降位移	3mm，且连续3天	15mm

步骤5：专职安全人员进行日常巡查。

巡查内容包括：

（1）基坑（槽）外地面、道路有无开裂、沉降；

（2）基坑（槽）周边建筑物有无开裂、倾斜；

（3）基坑（槽）周边有无水管渗漏、燃气管线漏气等危险源；

（4）基坑（槽）周边有无突然堆载或影响基坑安全的其他不利因素；

（5）钢板桩支护有无松动，墙面面层有无开裂、脱落等；

（6）定期检查支护的变形情况，发现异常情况，先撤离施工人员和设备；

（7）在基坑内进行用电作业时，严禁将电线及用电设备浸泡在水里面，以防漏电。

3. 实训考评

实训成绩考核表

序号	考核内容	所占分值	自评评分	小组评分	教师评分
1	是否按要求完成了实训内容	20			
2	是否掌握工程监测的内容	25			
3	是否会进行基坑工程日常巡查	25			
4	实训态度	10			
5	团队合作	10			
6	拓展知识	10			
小计		100			
总评（取小计平均分）					

4. 拓展

视频：基坑坍塌事故（码 7 3）。

码7-3 基坑坍塌事故

项目8 高处作业防护

1. 高处作业的概念

高处作业是在坠落高度基准面2m及以上有可能坠落的高处进行的作业。

2. 高处作业的主要内容

（1）临边作业

在工作面边沿无围护或围护设施高度低于800mm的高处作业，包括楼板边、楼梯段边、屋面边、阳台边、各类坑、沟、槽等边沿的高处作业称为临边作业。

（2）洞口作业

洞口作业是在地面、楼面、屋面和墙面等有可能使人和物料坠落，其坠落高度大于或等于2m的洞口处的高处作业。洞口又分为水平洞口、竖直洞口。

（3）攀登作业

攀登作业是借助登高用具或登高设施进行的高处作业。

（4）悬空作业

悬空作业是在周边无任何防护设施或防护设施不能满足防护要求的临空状态下进行的高处作业。

（5）操作平台

操作平台是由钢管、型钢及其他等效性能材料等组装搭设制作的供施工现场高处作业和载物的平台，包括移动式、落地式、悬挑式等平台。

（6）交叉作业

交叉作业是垂直空间贯通状态下，可能造成人员或物体坠落，并处于坠落半径范围内、上下左右不同层面的立体作业。

3. 一般规定

（1）建筑施工中凡涉及临边与洞口作业、攀登与悬空作业、操作平台、交叉作业及安全网搭设的，应在施工组织设计或施工方案中制定高处作业安全技术措施。

（2）高处作业施工前，应按类别对安全防护设施进行检查、验收，验收合格后方可进行作业，并应做验收记录。验收可分层或分阶段进行。

（3）高处作业施工前，应对作业人员进行安全技术交底，并做好记录。应对初次作业人员进行培训。

（4）高处作业人员应根据作业的实际情况配备相应的高处作业安全防护用品，并应按规定使用相应的安全防护用品、用具。

（5）在雨、霜、雾、雪等天气进行高处作业时，应采取防滑、防冻和防雷措施，并应及时清除作业面上的水、冰、雪、霜。

当遇有6级及以上强风、浓雾、沙尘暴等恶劣气候，不得进行露天攀登与悬空高处作业。雨雪天气后，应对高处作业安全设施进行检查，当发现有松动、变形、损坏或脱落等现象时，应立即修理完善，维修合格后方可使用。

4. 实训主要技能

（1）熟悉高处作业的主要内容；

（2）掌握高处作业防护检查流程及要点；

（3）掌握高处作业安全防护措施。

码8-1 高处作业

5. 案例

高处作业视频（码 8-1）

任务 1　高处作业个人防护

个人防护用品是指在劳动生产过程中使劳动者免遭或减轻事故和职业危害因素的伤害而提供的个人保护用品（图 8-1）。

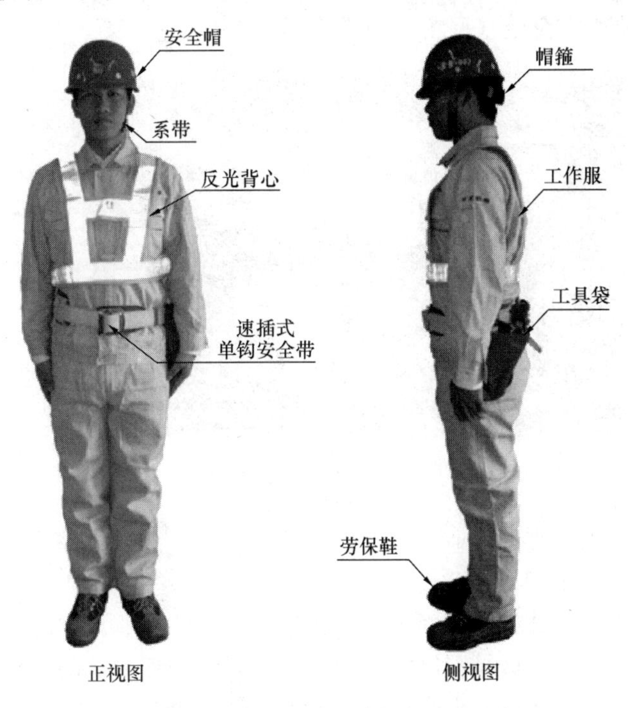

图 8-1　个人防护

1. 实训目的

熟悉高处作业个人防护的主要内容，会进行个人防护用品进场检查与日常检查。

2. 实训内容及实训步骤

实训日期：＿＿＿＿＿＿＿＿＿＿　　实训成绩：＿＿＿＿＿＿＿＿＿＿

班　　级：＿＿＿＿＿＿＿＿＿＿　　小组成员：＿＿＿＿＿＿＿＿＿＿

实训 1　在建筑工程与市政工程中，常听到“三宝、四口、五临边”。用搜索引擎查阅“三宝、四口、五临边”。

实训 2 安全帽、安全带、安全网检查。

步骤 1：准备工作：每组一个安全帽、一条安全带、部分安全网，个人防护用品进场检查记录表（表 8-1）。

步骤 2：检查安全帽

对使用者头部受坠落物或小型飞溅物体等其他特定因素引起的伤害起防护作用的帽称为安全帽，由帽壳、帽衬及配件组成。安全帽按性能分为普通型（P）和特殊型（T）。普通型安全帽是用于一般作业场所，具备基本防护性能的安全帽产品；特殊型安全帽是除具备基本防护性能外，还具备一项或多项特殊性能的安全帽产品，如耐高温、阻燃、绝缘等性能的安全帽。

进场检查要点：安全帽上应有制造厂名称、商标、型号、许可证号、检验合格证，其质量应符合《头部防护安全帽》GB 2811—2019 的要求：

日常检查要点：（1）进入施工现场人员须佩戴安全帽，安全帽带必须紧系下颚，防止安全帽落下；（2）不准使用缺衬、缺带及破损的安全帽。

步骤 3：检查安全带（见图 8-2）

图 8-2 安全带

安全带是指防止高处作业人员发生坠落或发生坠落后将作业人员安全悬挂的个体防护装备。按不同使用条件分为：（1）围杆作业安全带：通过围绕在固定构造物上的绳或带将人体绑定在固定的构造物附近，使作业人员的双手可以进行其他操作的安全带；（2）区域限制安全带：用以限制作业人员的活动范围，避免其到达可能发生坠落区域的安全带；（3）坠落悬挂安全带：高处作业或登高人员发生坠落时，将作业人员悬挂的安全带。

进场检查要点：（1）安全带应符合《安全带》GB 6095—2009 的技术和检验要求；（2）应提供生产日期 、生产许可证、产品合格证、检验证；（3）个人防护用品应有进场验收，发放记录。

日常检查要点：（1）在 2m 及以上的无可靠安全防护设施的高处、悬崖和陡坡作业时，必须系挂安全带；（2）高空作业场所应佩戴全身背带式安全带；（3）安全带上的各种部件不得任意拆除、接长使用；（4）安全带应“高挂低用”，使用 3m 以上长绳应加缓冲器。

步骤 4：检查安全网

安全网是用来防止人、物坠落，或用来避免、减轻坠落及物击伤害的网具（图8-3）。按功能分为三类：(1) 平网；(2) 立网；(3) 密目式安全立网。

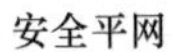
安全平网　　　　密目式安全立网

图8-3　安全网

进场检查要点：(1) 安全网质量应符合《安全网》GB 5725—2009的要求；(2) 必须有检验证明和出厂检验合格证，密目式安全网密度不应低于2000目/100cm^2。

日常检查要点：在建工程外脚手架架体外侧应采用密目式安全网封闭，安全网张挂必须严密，四周紧绷绑定牢固。

步骤5：完成表8-1后，留存检查记录。

个人防护用品进场检查记录表　　　　**表8-1**

序号	检查项目	检查内容	结论（有、无）或（是、否）	备注
1	安全帽	安全帽上有无制造厂名称、商标、型号、许可证号、检验合格证		
		质量是否符合国家标准		
2	安全带	安全带是否符合《安全带》GB 6095—2009的技术和检验要求		
		安全带有无生产日期、生产许可证、产品合格证、检验证		
		个人防护用品有无进场验收，发放记录		
3	安全网	……		
……	……	……		

检查人：　　　　　　　　　　　　检查时间：

3. 实训考评

实训成绩考核表

序号	考核内容	所占分值	自评评分	小组评分	教师评分
1	是否按要求完成了实训内容	30			
2	是否掌握高处作业个人防护用品的检查内容	25			
3	实训态度	25			
4	团队合作	10			
5	拓展知识	10			
小计		100			
总评（取小计平均分）					

任务2　洞　口　防　护

1. 实训目的

熟悉哪些常见部位需洞口防护，会进行洞口防护。

2. 实训内容及实训步骤

实训日期：__________________　实训成绩：__________________

班　　级：__________________　小组成员：__________________

实训1　依据洞口大小，制作适当的洞口防护装置，以小组为单位进行班级竞赛。

步骤1：准备材料：硬纸板、网状线绳、木棍（竹筷）、胶水、铁丝、安全警示标识（自制）等。

步骤2：如图8-4（a）～（e）所示，完成其中一种洞口防护。

洞口防护1（图8-4a）：当非竖向洞口短边边长为250～500mm时，应采用承载力满足使用要求的盖板覆盖，盖板四周搁置应均衡，且应防止盖板移位；

洞口防护2（图8-4b）：当非竖向洞口短边边长为500～1500mm时，应采用盖板覆盖或防护栏杆等措施，并应固定牢固；

洞口防护3（图8-4c）：当非竖向洞口短边边长大于或等于1500mm时，应在洞口作业侧设置高度不小于1.2m的防护栏杆，洞口应采用安全平网封闭；

洞口防护4（图8-4d）：当竖向洞口短边边长小于500mm时，应采取封堵措施；

洞口防护5（图8-4e）：当垂直洞口短边边长大于或等于500mm时，应在临空一侧设置高度不小于1.2m的防护栏杆，并应采用密目式安全立网或工具式栏板封闭，设置踢脚板。

步骤3：工程示例如图8-4（f）、（g）、（h）所示。

步骤4：从小组内选出优秀作品，代表小组参加班级比赛，教师根据表8-2评分，给出评价成绩。

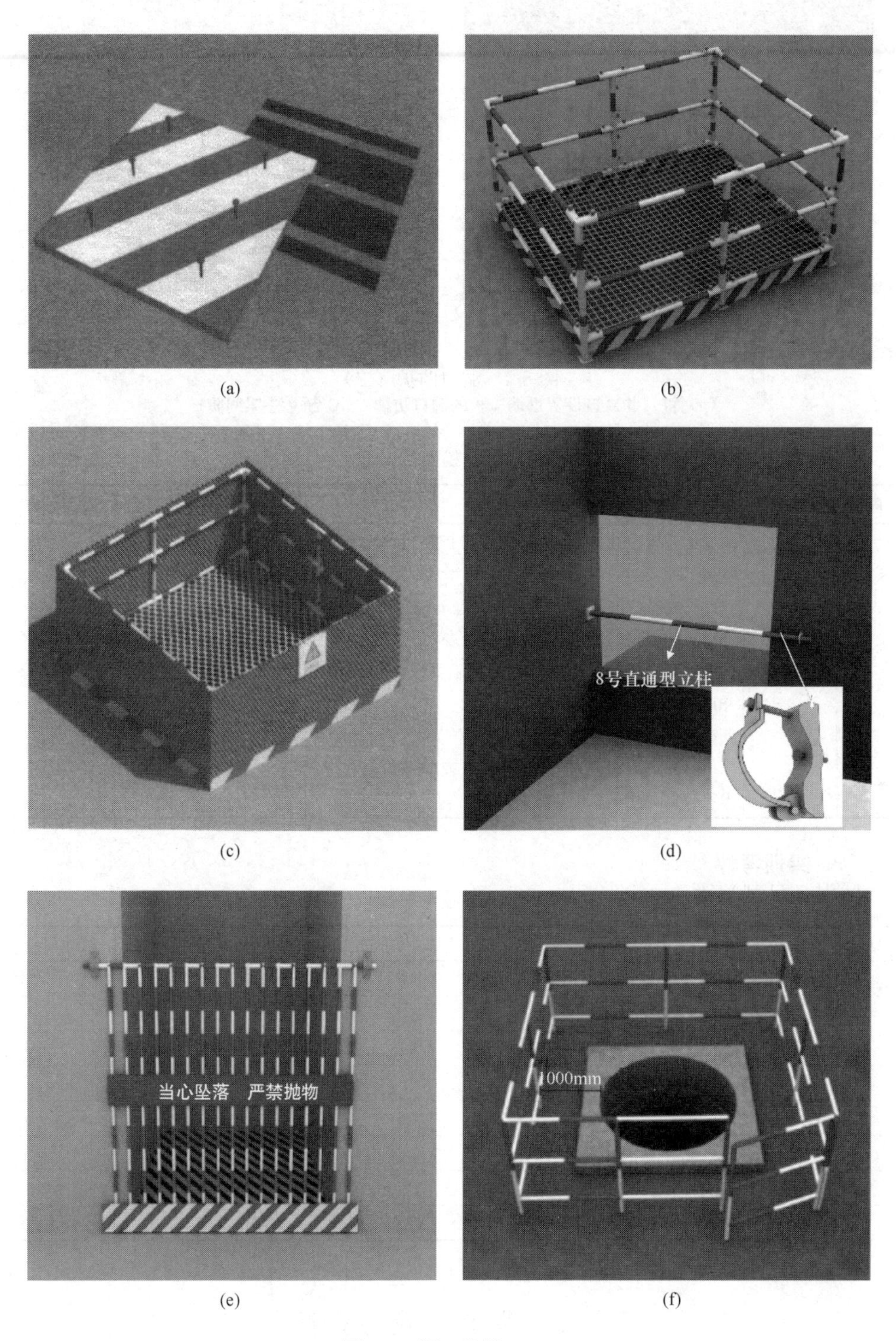

(a)　(b)　(c)　(d)　(e)　(f)

图 8-4　洞口防护（一）

(a) 边长小于 500mm 的非竖向洞口防护；(b) 边长 500～1500mm 的非竖向洞口防护；
(c) 边长大于等于 1500mm 的非竖向洞口防护；(d) 竖向洞口防护（一）；
(e) 竖向洞口防护（二）；(f) 桩（井）开挖深度超过 2m 的洞口防护

(g)

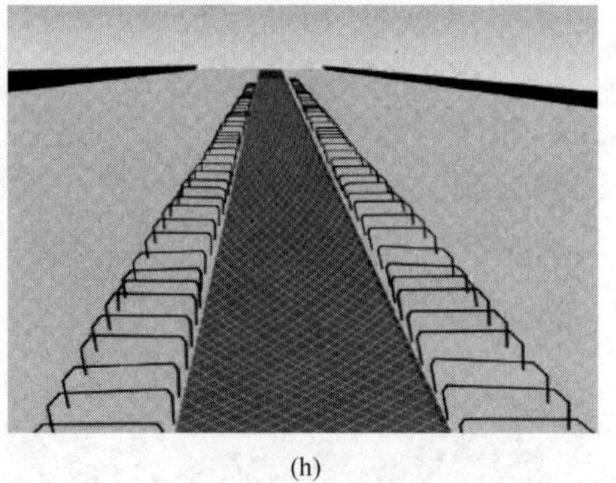

(h)

图 8-4 洞口防护（二）
(g) 桩（井）口设置钢筋盖板的洞口防护；(h) 桥梁主梁间防护

洞口防护检查评分表 表 8-2

序号	检查项目	扣分标准	应得分数	扣减分数	实得分数
	洞口防护	1）竖向和水平洞口无有效防护措施，每处扣3分 2）洞口防护措施、设施的构造不符合国家现行相关标准要求，每处扣2分 3）洞口防护未采用定型化、工具式防护设施，扣1分 4）井道内未设置安全平网防护，扣5分 5）洞口未设置安全警示牌或夜间未设红灯示警，扣3分	10		

3. 实训考评

实训成绩考核表

序号	考核内容	所占分值	自评评分	小组评分	教师评分
1	是否按要求完成了实训内容	20			
2	是否掌握洞口防护的内容	25			
3	是否能进行洞口防护施工检查	25			
4	实训态度	10			
5	团队合作	10			
6	拓展知识	10			
小计		100			
总评（取小计平均分）					

任务 3 高处作业临边防护

一、工程案例：市政工程中常见临边防护

(1) 支架临边防护（见图 8-5）

1）在搭设满堂支架时，两侧预留大于等于 500mm 操作平台，底部满铺脚手

板，外侧设防护栏杆。一般路段施工，栏杆内侧张挂密目式安全网；城市市区路段施工，设高度大于等于1200mm的硬质防护；

2）桥梁施工，在端头或侧面设爬梯。可采用钢爬梯，标准单元尺寸（长×宽×高）为3000mm×2000mm×2500mm。

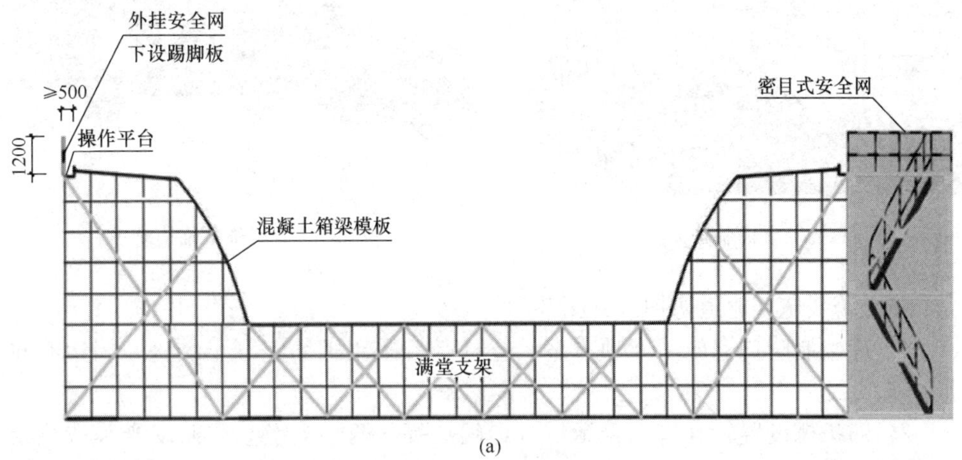

(a)

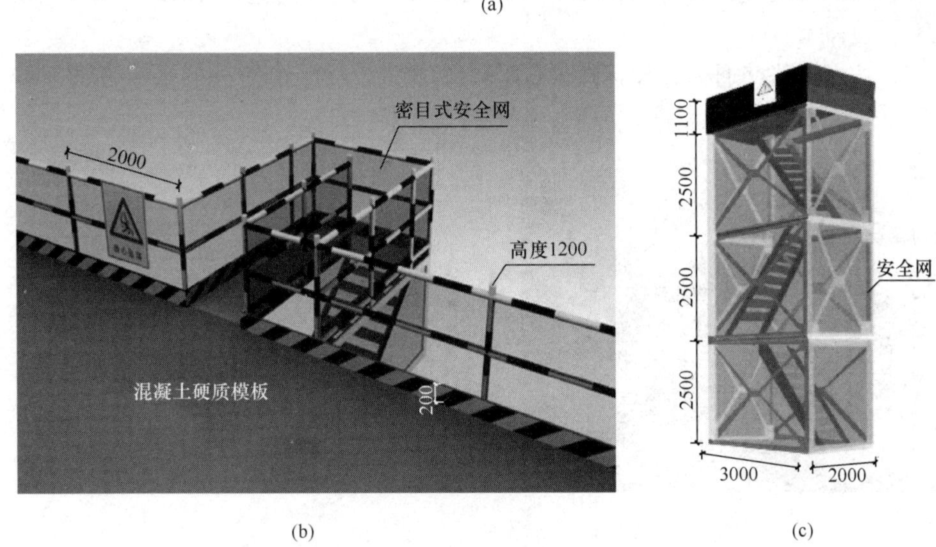

(b) (c)

图8-5 支架临边防护（单位：mm）

（a）满堂红支架立面图；（b）临边防护示意图；（c）钢爬梯示意图

（2）攀登作业

1）人员爬梯采用组装式之字形爬梯，见图8-5（c），四周设置螺栓连接口；

2）爬梯刚度、强度、稳定性必须通过力学验算，满足竖向荷载要求；

3）爬梯拆卸、安装、移动方便，采用角钢制作骨架，铁丝网封闭四周。

（3）桥梁临边防护（见图8-6、图8-7）

1）搭设标准临边防护，满挂安全网，并设置安全警示标识牌；

2）操作平台满铺脚手板；

3）抱箍、工字钢型号经过安全受力验算合格后方可使用；

4）采用架设好的预制梁作为运梁通道时，在两片预制梁间及梁端铺设钢板；

5）夜间施工时有足够照明装置，人员穿着标准反光服。

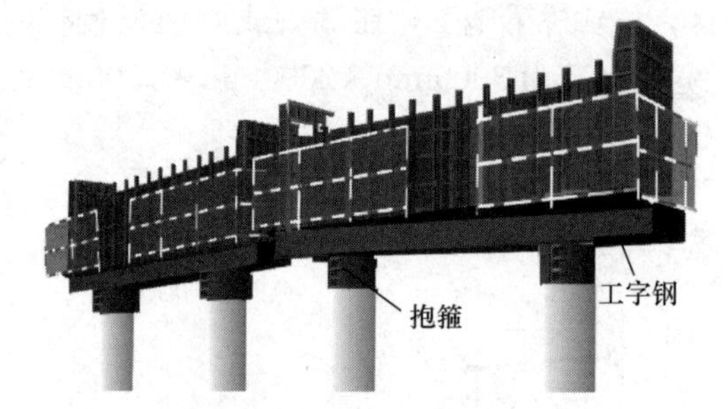

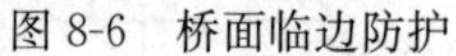

图 8-6 桥面临边防护　　图 8-7 盖梁施工临边防护

（4）跨线施工通道防护（见图 8-8）

1）应编制防护棚施工专项方案。立柱基础采用钢筋混凝土结构，周边有排水措施；

2）防护棚设置轮廓灯、警示灯、爆闪灯等，两端支墩立柱贴反光膜或涂反光漆；

3）按《道路交通标志和标线》GB 5768 规定，在距离防护棚来车方向 10m 处搭设限高门架，并设限高、限宽、限速等警示标志。

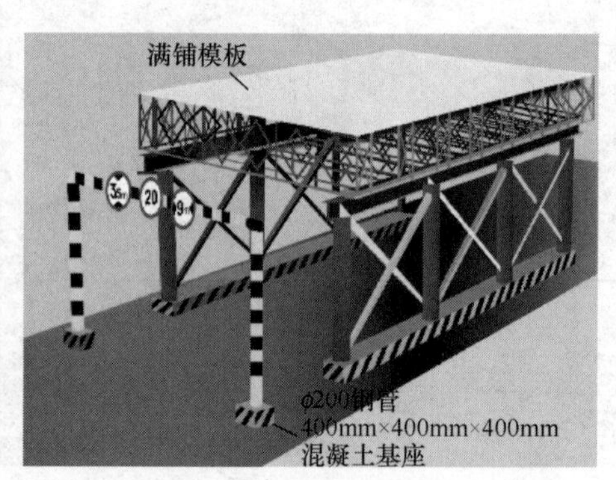

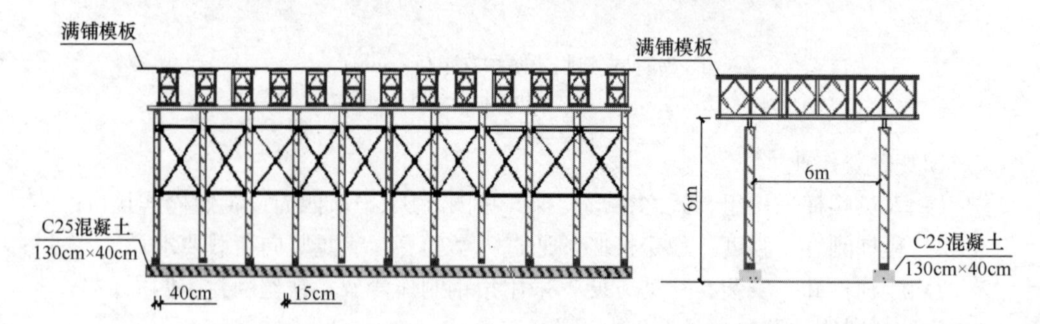

图 8-8 跨线施工通道防护示意图

二、实训任务

1. 实训目的

熟悉高处作业临边防护的主要内容，会进行高处作业临边防护。

2. 实训内容及实训步骤

实训日期：____________　　实训成绩：____________

班　　级：____________　　小组成员：____________

实训　制作通道防护装置，以小组为单位进行班级竞赛。

步骤1：准备材料：硬纸板、橡皮泥、木棍（竹筷）、胶水、铁丝、油漆等。

步骤2：参考图8-8，制作防护用品，悬挂安全警示标识。

步骤3：从小组内选出优秀作品，代表小组参加班级比赛，教师根据表8-3评分，给出成绩。

通道防护检查评分表　　**表8-3**

序号	检查项目	扣分标准	应得分数	扣减分数	实得分数
	通道口防护	1）通道口上部以及处于起重设备的起重臂架回转范围之内的通道，未设置严密、牢固的安全防护棚，扣8分 2）防护棚两侧无封闭措施，扣3分 3）防护棚宽度小于通道口宽度，扣3分 4）防护棚长度小于高处作业坠落半径，扣5分 5）防护棚的材质和构造不符合国家现行相关标准要求，扣3～5分	10		

3. 实训考评

实训成绩考核表

序号	考核内容	所占分值	自评评分	小组评分	教师评分
1	是否按要求完成了实训内容	20			
2	是否掌握高处作业临边防护的内容	25			
3	是否能进行高处作业临边防护检查	25			
4	实训态度	10			
5	团队合作	10			
6	拓展知识	10			
小计		100			
总评（取小计平均分）					

项目9 保　卫　消　防

1. 保卫

（1）基本要求

1）施工现场出入口应设置大门，实施封闭式管理，出入大门口设置门卫值班室，设专职门卫。

2）建立群众来访登记制度。

3）安装视频监控系统、设置监控室。

4）财务室应安装防盗门和防盗栏，设置报警器，按规定配置和使用保险柜。

5）料场、库房、重要材料、设备及工具设置专用库房。

6）塔式起重机应设置防攀爬措施。

7）注重日常巡视。施工现场严禁居住家属，严禁无关工作人员在施工现场穿行、玩耍。

（2）组织实施

1）制定施工现场的门卫、车辆、物资、安全保卫等相关的管理制度和实施方案。

2）对整个施工现场及周边进行治安摸排、消除治安隐患。

3）加强对门卫、重要物资仓库、施工区域范围的监管。

4）对重点时段、重点部位、重点场所加强检查和防范，防止发生财产损失与人员伤亡事故。

2. 消防

（1）施工现场总平面布置满足消防要求

1）临时用房、临时设施的布置应满足现场防火、灭火及人员安全疏散的要求。

2）固定动火作业场（如钢筋加工场）应布置在可燃材料堆场及其加工场、易燃易爆危险品（氧气、乙炔、液化气、汽油、柴油、油漆、防水材料、酒精等）库房等全年最小频率风向的上风侧；宜布置在临时办公用房、宿舍、可燃材料库房、在建工程等全年最小频率风向的上风侧。

3）易燃易爆危险品库房应远离明火作业区、人员密集区和建筑物相对集中区。

4）可燃材料堆场及其加工场（如木工加工场）、易燃易爆危险品库房不应布置在架空电力线下。

5）宿舍、办公用房不应与厨房操作间、锅炉房、变配电房等组合建造。

6）会议室、文化娱乐室等人员密集的房间应设置在临时用房的第一层，其疏散门应向疏散方向开启。

7）防火间距满足要求

① 易燃易爆危险品库房与在建工程的防火间距不应小于15m，可燃材料堆场及其加工场、固定动火作业场与在建工程的防火间距不应小于10m，其他临时用房、临时设施与在建工程的防火间距不应小于6m。

② 施工现场主要临时用房、临时设施距易燃易爆仓库等危险源距离不应小于16m，当临时用房、临时设施成组布置时，其防火间距可适当减小。

8）现场留置消防车道并满足要求

① 施工现场内应设置临时消防车道，临时消防车道与在建工程、临时用房、可燃材料堆场及其加工场的距离，不宜小于5m，且不宜大于40m；施工现场周边道路满足消防车通行及灭火救援要求时，施工现场内可不设置临时消防车道。

② 临时消防车道宜为环形，如设置环形车道确实有困难，应在消防车道尽端设置尺寸不小于12m×12m的回车场；临时消防车道的净宽度和净空高度均不应小于4m。

（2）临时用房防火要求

1）宿舍、办公用房

① 建筑构件的燃烧性能等级应为A级。当采用金属夹芯板材时，其芯材的燃烧性能等级应为A级。

② 建筑层数不应超过3层，每层建筑面积不应大于300m^2。

③ 层数为3层或每层建筑面积大于200m^2时，应设置不少于2部疏散楼梯，房间疏散门至疏散楼梯的最大距离不大于25m。

④ 单面布置用房时，疏散走道的净宽度不应小于1.0m；双面布置用房时，疏散走道的净宽度不应小于1.5m。

⑤ 疏散楼梯的净宽度不应小于疏散走道的净宽度。

⑥ 宿舍房间的建筑面积不应大于30m^2，其他房间的建筑面积不宜大于100m^2。

⑦ 房间内任一点至最近疏散门的距离不应大于15m，房门的净宽度不应小于0.8m；房间建筑面积超过50m^2时，房门的净宽度不应小于1.2m。

⑧ 隔墙应从楼地面基层隔断至顶板基层底面。

2）发电机房、变配电房、厨房操作间、锅炉房、可燃材料库房及易燃易爆危险品库房

① 建筑构件的燃烧性能等级应为A级。

② 层数应为1层，建筑面积不应大于200m^2。

③ 可燃材料库房单个房间的建筑面积不应超过30m^2，易燃易爆危险品库房单个房间的建筑面积不应超过20m^2。

④ 房间内任一点至最近疏散门的距离不应大于10m，房门的净宽度不应小于0.8m。

（3）可燃物及易燃易爆危险品管理（图9-1）

易燃易爆物品按其性质专库分类存储，严禁露天存放。易燃易爆物品库房与其他临时建筑防火间距要符合要求。库房张贴醒目防火标识，灭火器材配置齐全。

易燃易爆物品库房必须专人看管，建立出库台账，严格实行使用登记制度，

使用完毕后必须及时回收入库。

氧气、乙炔气瓶安全附件必须齐全，分别存放，不得与其他物品混放。氧气瓶、乙炔瓶工作间距不应小于5m，使用时气瓶与明火作业区距离不应小于10m。

危险品库房

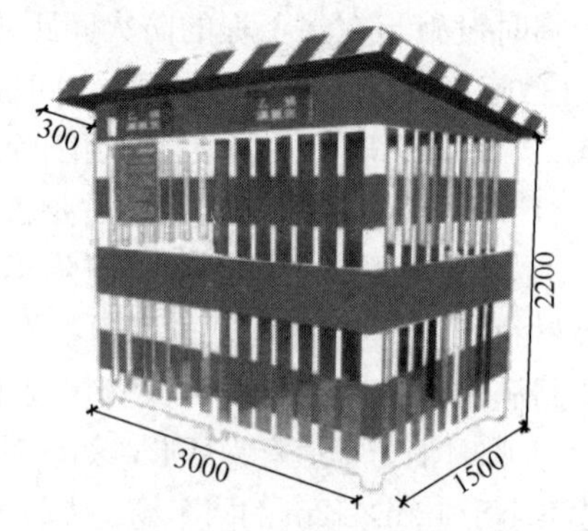

气瓶存储效果图

图9-1　可燃物及易燃易爆危险品管理

(4) 常用临时消防设施

常用消防设施有：灭火器、临时消防给水系统、临时消防应急照明、防毒面具（地下工程须配备）。

1) 灭火器、消防水池、砂池、消防铲、消防斧、烟感报警器等

2) 临时消防给水系统

① 施工现场或其附近应设置稳定、可靠的水源，并应能满足施工现场临时消防用水的需要。消防水源可采用市政给水管网或天然水源。

② 临时用房建筑面积之和大于1000m^{2}或在建工程单体体积大于10000m^{3}时，应设置临时室外消防给水系统。

③ 严寒和寒冷地区的现场临时消防给水系统，应采取防冻措施。

3) 应急照明。临时消防应急照明灯具宜选用自备电源的应急照明灯具，自备电源的连续供电时间不应小于60min。

4) 防毒面具。地下工程的施工作业人员宜佩戴防毒面具。

3. 实训主要技能

(1) 了解保卫消防安全专项方案；

(2) 熟悉消防安全技术交底、流程及主要内容；

(3) 掌握施工现场消防设施布置图的绘制；

(4) 熟悉灭火器等消防设施的维护和使用方法；

(5) 熟悉消防演练流程。

任务1　使用灭火器

1. 实训目的

通过本实训任务，学生了解消防安全知识，能在施工现场合理布置消防器材，会绘制施工现场消防平面布置图，能正确选用灭火器。

2. 实训内容及实训步骤

实训日期：____________________ 实训成绩：____________________

班　　级：____________________ 小组成员：____________________

实训 1 施工现场合理布置灭火器，绘制消防平面位置图。

步骤 1：正确选择灭火器。灭火器应符合《建筑灭火器配置设计规范》GB 50140—2005的要求，灭火器的类型应与配备场所可能发生的火灾类型相匹配，并由专人负责定期检查，确保完好有效。

（1）扑救如木材、棉、麻、毛、纸张等 A 类火灾应选用水型灭火器、磷酸铵盐干粉灭火器、泡沫灭火器或卤代烷灭火器。

（2）扑救如汽油、煤油、柴油、原油、甲醇、乙醇、沥青等燃烧的 B 类火灾应选用泡沫灭火器、碳酸氢钠干粉灭火器、磷酸铵盐干粉灭火器、二氧化碳灭火器、灭 B 类火灾的水型灭火器或卤代烷灭火器。极性溶剂的 B 类火灾场所应选择灭 B 类火灾的抗溶性灭火器。

（3）扑救如煤气、天然气、甲烷、乙炔气等燃烧的 C 类火灾应选用磷酸铵盐干粉灭火器、碳酸氢钠干粉灭火器、二氧化碳灭火器或卤代烷灭火器。

（4）扑救如钾、钠、镁、钛、镁铝合金等燃烧的 D 类火灾应选用扑灭金属火灾的专用灭火器。可用干砂来代替此类灭火器。

（5）扑救如发电机房、变压器室、配电间、仪器仪表间和电子计算机房等在燃烧时不能及时或不宜断电的电气设备带电燃烧的 E 类火灾应选用磷酸铵盐干粉灭火器、碳酸氢钠干粉灭火器、卤代烷灭火器或二氧化碳灭火器，但不得选用装有金属喇叭喷筒的二氧化碳灭火器。

施工现场上常配灭火器为干粉灭火器、二氧化碳灭火器（图 9-2）。

步骤 2：在下列场所布置灭火器（图 9-3）：

图 9-2 灭火器

图 9-3 现场布设消防器材（单位：mm）

（1）易燃易爆危险品存放及使用场所。

（2）动火作业场所。

（3）可燃材料存放、加工及使用场所。

（4）厨房操作间、锅炉房、发电机房、变配电房、设备用房、办公用房、宿舍等临时用房。

步骤 3：灭火器数量应按照《建筑灭火器配置设计规范》GB 50140—2005 经计算确定，且每个场所的灭火器数量不应少于 2 具，不宜多于 5 具。

步骤 4：绘制现场消防平面布置图

(1) 布置图应包括工地的主要火险危险源、消防供水设施的分布、灭火器材的分布、紧急疏散出口和路线、消防通道等内容。

码9-1 某项目材料与消防设施平面布置图

(2) 根据示例（码 9-1）绘制施工现场消防平面布置图。

步骤 5：根据图纸，在现场放置灭火器。

灭火器应设置在位置明显和便于取用的地点，且不得影响安全疏散。灭火器的摆放应稳固，其标识应朝外。手提式灭火器宜设置在灭火器箱内或挂钩、托架上，其顶部离地面高度不应大于 1.50m；底部离地面高度不宜小于 0.08m。灭火器箱不得上锁。灭火器设置在室外时，应有相应的保护措施。

实训 2 在网络学习灭火器使用视频，能正确使用灭火器。

图 9-4 消防器材使用

步骤 1：材料准备，填写消防器材清单（表 9-1）。材料包括：干粉灭火器、少许木材、少许汽油；地点：空旷场地。

消防器材清单 **表 9-1**

工程名称：

序号	名称	型号	数量	购买时间	验收结果	布置部位
1						
2						

步骤 2：晃动灭火器的瓶身，使瓶内干粉松动；

步骤 3：拔掉保险销；

步骤 4：左手托住瓶底，右手握住把柄，按下压把；

步骤 5：对准火焰根部喷射，直至火焰熄灭。

步骤 6：维修保养灭火器，填写消防器材维修记录（见表 9-2）。

(1) 使用单位必须加强对灭火器的日常管理和维护，定期进行维护保养和检查。建立维护管理档案，明确维护管理责任人，并定期对维护情况进行检查。灭火器的档案资料，应记录配置类型、数量、设置位置、检查维修单位（人员）、更换药剂时间等有关情况。

(2) 使用单位应当至少每年组织或委托维修单位对所有灭火器进行一次功能性检查。灭火器不论已经使用还是未使用，距出厂日期满5年，以后每隔2年，必须进行水压试验等检查，凡使用过和失效不能使用的灭火器，必须更换已损件和重新充装灭火剂和驱动气体。凡干粉灭火器距出厂日期满10年的，二氧化碳灭火器距出厂日期满12年的，均应予以强制报废，重新选配灭火器。

消防器材维修记录 **表9-2**

工程名称：

序号	名称	型号	数量	维修时间	维修内容	维修结果
1						
2						

3. 实训考评

实训成绩考核表

序号	考核内容	所占分值	自评评分	小组评分	教师评分
1	是否按要求完成了实训内容	30			
2	是否掌握灭火器使用	20			
3	是否会填写消防器材清单、维修记录	10			
4	实训态度	10			
5	团队合作	20			
6	拓展知识	10			
小计		100			
总评（取小计平均分）					

任务2 消 防 管 理

一、基础知识

(1) 成立消防管理机构

施工现场实行防火管理责任制，完善消防管理体系，明确消防安全责任人，全面负责消防管理工作。施工现场要求成立防火领导小组，由消防安全责任人任组长，成员由各职能部门人员组成（图9-5）。

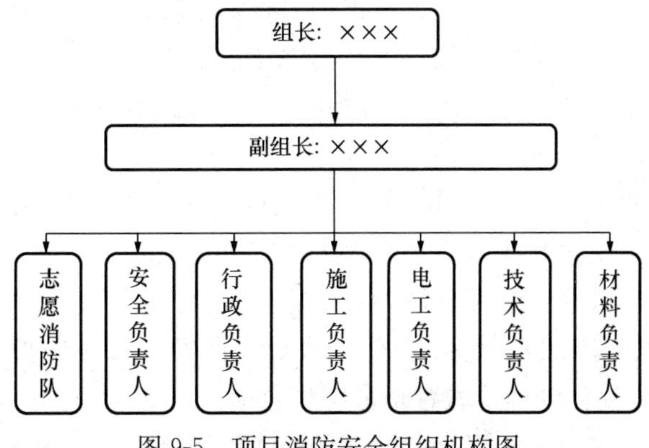

图9-5 项目消防安全组织机构图

(2) 制定消防安全管理制度

消防安全管理制度应包括：消防安全教育与培训制度；可燃及易燃易爆危险品管理制度；用火、用电、用气管理制度；消防安全检查制度；应急预案演练制度。

码9-2 施工消防安全方案目录

(3) 编制施工消防安全方案（码 9-2）

消防安全方案的内容有：施工现场重大火灾危险源辨识；施工现场防火技术措施；临时消防措施、临时疏散设施配备；临时消防设施和消防警示标识布置图（图 9-6）；消防演练方案；应急疏散预案。

图 9-6 项目消防警示标识

(4) 消防教育和培训

1) 施工单位应开展下列消防安全教育工作

① 施工单位应定期开展形式多样的消防安全宣传教育；

② 建设工程施工前应对施工人员进行消防安全教育；

③ 在建设工地醒目位置、施工人员集中住宿场所设置消防安全宣传栏，悬挂消防安全挂图和消防安全警示标识；对新上岗和进入新岗位的职工（施工人员）进行上岗前消防安全培训；

④ 对在岗的职工（施工人员）至少每年进行一次消防安全培训；

⑤ 施工单位至少每半年组织一次灭火和应急疏散演练；

⑥ 对明火作业人员进行经常性的消防安全教育。

2) 总承包单位要组织分包单位管理人员、保安、成品保护人员以及施工人员等进行消防安全教育培训，教育培训应当包括：

① 有关消防法规、消防安全制度和保障消防安全的操作规程；

② 各岗位的火灾危险性和防火措施；

③ 有关消防设施的性能、灭火器材的使用方法；

④ 报火警、扑救初期火灾以及自救逃生的知识和技能。

3）施工单位应落实电焊、气焊、电工等特殊工种作业人员持证上岗制度；电焊、气焊等危险作业前，应对作业人员进行消防安全教育，强化消防安全意识，落实危险作业施工安全措施。

4）通过消防宣传进企业，职工要做到“三知三会”，即知道本岗位的火灾危险性、知道消防安全措施、知道灭火方法，会正确报火警、会扑救初期火灾、会组织人员疏散。

（5）消防安全技术交底

施工作业前，施工现场的施工管理人员应向作业人员进行消防安全技术交底（图 9-7）。消防安全技术交底应包括下列主要内容：施工过程中可能发生的火灾部位或环节；施工过程应采取的防火措施及应配备的临时消防措施；初期火灾的扑救方法及注意事项；逃生方法及路线。

图 9-7　消防安全交底

（6）防火巡查与检查

定期组织消防安全管理人员对施工现场的消防安全进行检查。

（7）可燃物及易燃易爆危险品管理

详见前文。

（8）动火作业管理

动火作业是指在禁火区进行焊接与切割作业及在易燃易爆场所使用喷灯、电钻、砂轮等进行可能产生火焰、火花和炽热表面的临时性作业。

1）施工现场应建立动火审批和作业制度，凡有明火作业的必须按三级动火的要求进行审批。

2）动火作业必须履行动火审批手续，包括施工现场动火证申请书和施工现场动火证。动火作业由需要单位提出申请，现场总承包单位进行审批。施工现场动火证申请书由审批单位留底备查，动火人持施工现场动火证作业。

3）施工现场动火证申请书和施工现场动火证编号应一致或一一对应，具有可追溯性。

4）作业时应按规定设看火监护人员，作业后必须确认无火源危险后方可离开。

5）生活用火管理

码9-3 消防常识

① 生活区、办公地点用火时，应经项目主管领导批准，由项目主管部门负责人同意安装，有关部门共同检查确认，发给用火合格证后方可使用。

② 厨房操作间的炉灶使用完毕后，应将炉火熄灭，排油烟机及油烟管道应定期清理油垢，并配置相应消防器材。

③ 各种生活用火的设置、移动和增减，应当经过项目经理部的消防管理人员审查批准。

二、实训任务

1. 实训目的

会进行日常防火巡查；会填写用火作业审批表；能进行施工现场保卫消防检查。

2. 实训内容及实训步骤

实训日期：____________________ 实训成绩：____________________

班　　级：____________________ 小组成员：____________________

实训1 日常保卫、防火巡查。

步骤1：按表9-3准备防火巡查工作记录电子表格。

防火巡查工作记录 **表9-3**

项目部：

日期		天气	
巡查人		值班时间	

工作记录：

步骤2：在表9-3中填写下列内容：

(1) 用火、用电有无违章情况；

(2) 安全出口、疏散通道是否畅通，安全疏散指示标志、应急照明是否完好；

(3) 消防设施、器材和消防安全标志是否在位、完整；

(4) 消防安全重点部位的安全人员在岗情况。

防火巡查应当填写巡查记录，巡查人员及其主管人员应在巡查记录上签名。

实训2 填写动火用火作业审批表

步骤1：按照表9-4，制作用火作业审批表。

用火作业审批表 表 9-4

<table>
<tr><td>工程名称</td><td></td><td>施工单位</td><td></td></tr>
<tr><td>申请用火单位</td><td></td><td>用火班组</td><td></td></tr>
<tr><td>用火部位</td><td></td><td>用火作业级别及种类
(用火、气焊、电焊等)</td><td></td></tr>
<tr><td>用火作业
起止时间</td><td colspan="3">由 年 月 日 时 分起
至 年 月 日 时 分止</td></tr>
<tr><td colspan="4">用火原因、防火的主要安全措施和配备的消防器材：

看火人员（签字）： 申请人（签字）： 年 月 日</td></tr>
<tr><td colspan="4">审批意见：

审批人（签字）： 年 月 日</td></tr>
</table>

步骤 2：填写用火作业审批表。

实训 3 对施工现场进行消防专项检查，填写检查评分记录表（表 9-5）。检查情况及整改复查结果见表 9-6。

××市施工现场检查评分记录（保卫消防） 表 9-5

施工单位： 工程名称：

序号	检查项目		检查情况	标准分值	评定分值
1	现场保卫	工地出入口有警卫室，昼夜有人值班		3	
2		在建内不准住人		4	
3		建筑材料、机具和成品保卫措施有效		3	
4		要害部门、要害部位防范措施有效		4	
5	现场消防	建筑物内外消防道路、通道畅通		5	
6		现场有明显的防火标志		3	
7		消防设施器材设置符合标准，重点部位消防器材配备符合标准		5	
8		施工现场严禁吸烟		4	
9		在建工程内不准作仓库，不准存放易燃可燃材料		4	
10		易燃易爆物品存放、搬运、使用符合标准		4	
11		油漆库和油工配料房分开设置		4	
12		氧气瓶、乙炔瓶、明火作业之间距离符合要求		4	
13		24m 以上建筑设置消防立管，器材符合要求		5	
14		明火作业符合标准		4	
15		施工现场未经批准不准使用电热器等		3	
16		现场临时建筑符合防火规定		4	

续表

序号	检查项目		检查情况	标准分值	评定分值
17	资料	保卫、消防设施平面图审批手续齐全		4	
18		现场保卫消防制度、方案、预案、协议		4	
19		保卫消防组织机构及活动记录		4	
20		施工用保温材料产品检验及验收资料		4	
21		消防设施、器材验收、维修记录		3	
22		防水施工措施和交底		4	
23		警卫人员值班、巡查工作记录		4	
24		检查及隐患整改记录		5	
25	职工应知应会			5	
应得分	实得分	得分率	折合标准分		

检查员签字：　　　　　　　　　　　　　　　　　　　　　年　　月　　日

检查情况及整改复查结果 **表 9-6**

检查部门：　　　　　　　　检查时间

受检单位		检查部位	
检查情况及存在问题（隐患）			
受检单位整改情况	受检方签字：		
复查结果	复查人签字：		

注：受检方接到通知后，按时间要求对存在问题（隐患）进行整改，并将整改情况填写后送还检查部门。

3. 实训考评

实训成绩考核表

序号	考核内容	所占分值	自评评分	小组评分	教师评分
1	是否按要求完成了实训内容	20			
2	是否会进行施工现场消防安全检查	30			
3	是否会填写用火作业审批表	20			
4	实训态度	10			
5	团队合作	10			
6	拓展知识	10			
小计		100			
总评（取小计平均分）					

项目 10 食品卫生安全管理

1. 概念

工地食堂是项目管理人员和建筑工人的就餐场所，建筑工地食品安全关系到广大职工和建筑工人的身心健康，为了切实保障就餐人员饮食卫生安全和身体健康，必须建立完善的食品卫生安全管理体系和制度；并且工地职工食堂卫生管理已被纳入了建筑工地质量安全管理体系及文明施工管理体系之中。

食品卫生安全管理体系包含食品安全检查管理制度、采购查验和索证索票管理制度、食品从业人员健康管理制度、食品安全责任制、食品安全突发事件应急处置预案等内容。

2. 实训技能

（1）掌握食品安全责任制，编制食品安全责任书；

（2）掌握食品安全检查管理制度、采购查验和索证索票管理制度、食品从业人员健康管理制度，编制工地食堂卫生、食品安全检查表，组织工地食品卫生安全检查；

（3）组织工地食品安全事故应急演练，编制工地食堂食品安全突发事件应急预案。

3. 案例

2012 年 6 月 23 日 17：00，吉林省长春市某建筑工地，1 名工人突然出现恶心及腹痛等不适症状，且在第一名工人不适症状出现后 1 小时（即 18：00）相继有 3 名工人也开始出现恶心、腹痛等不适现象，其中有 1 名工人上吐下泻非常严重。在症状出现后项目部立即通知医院急救，4 名工人全部送至医院抢救。

任务 1 工地食品安全责任书

1. 实训目的

掌握食品安全责任制人员配置原则和责任分工。

2. 实训内容及实训步骤

实训日期：____________________ 实训成绩：____________________

班　　级：____________________ 小组成员：____________________

实训 参观某市政工程工地食堂，并根据食品卫生安全责任制度为该工地食堂编写食品安全责任书。

步骤 1：确定该工地食品安全责任制第一责任人和直接负责人（表 10-1）。

市政工程工地应当建立以项目负责人为食品安全第一责任人，食堂负责人为食品安全直接负责人的食品安全责任制，明确相关人员的责任，确保建筑工地食品安全的各个环节符合规范，安全达标，建立相应的考核奖惩制度，确保食品安全责任落实到位。

××工地食堂食品安全责任人信息表　　表 10-1

	姓名	职务	联系电话
食品安全第一责任人			
食品安全直接负责人			

步骤 2：确定该工地食堂安全责任制第一责任人和直接负责人的具体职责（表 10-2）。

食品安全第一责任人对各食堂进行监督管理，监督食品安全直接负责人及食品安全安全管理人员履行其职责；一旦发生食物中毒事故，及时报告食品药品监督机构和建设行政主管部门并积极组织救治。

食品安全直接负责人具体负责食堂食品卫生和有关食品卫生的安全管理，保证食堂环境、食品采购、贮存及加工等符合《食品卫生法》《食品安全法》等相关法律法规要求。

工地食堂食品安全责任书　　表 10-2

工程名称：＿＿＿＿＿＿＿＿＿＿

	职责
食品安全第一责任人	
食品安全直接责任人	

第一责任人签字：　　　　直接责任人签字：

3. 实训考评

实训成绩考核表

序号	考核内容	所占分值	自评评分	小组评分	教师评分
1	是否按要求完成了实训内容	20			
2	是否掌握食品安全责任制人员配置原则	25			
3	是否掌握各类人员的责任分工	25			
4	实训态度	10			
5	团队合作	10			
6	拓展知识	10			
小计		100			
总评（取小计平均分）					

任务 2　工地食品卫生安全检查

1. 实训目的

根据《食品安全法》《食品安全法实施条例》和《餐饮服务食品安全监督管理办法》等法律、法规、规章，制定工地食品安全管理检查制度，会进行工地食品卫生安全检查。

2. 实训内容及实训步骤

实训日期：____________________　　实训成绩：____________________

班　　级：____________________　　小组成员：____________________

实训1　参观某市政工程工地食堂，进行食堂卫生安全检查，填写表10-3工地食堂卫生、食品安全检查用表。

步骤1：检查《餐饮服务许可证》。应在用餐场所醒目位置悬挂《餐饮服务许可证》。

步骤2：检查是否建立健全的食品安全管理制度，装裱上墙张贴在相应功能区；制定食品安全管理档案；建立本单位食品安全管理组织机构，对食品生产经营全过程实施内部检查并记录，落实责任到个人，积极预防和控制食品安全，严格落实监督部门的监督意见和整改要求。

步骤3：检查食品安全管理员是否严格按照职责要求，组织管理人员和从业人员进行食品安全知识培训，并进行员工健康管理。

步骤4：检查食堂环境是否满足现行标准《市政工程施工安全检查标准》《建筑工程施工现场环境与卫生标准》等规范对市政工程工地食堂的要求：

(1) 食堂应设置在远离厕所、垃圾站、有毒有害场所等有污染源的地方。

(2) 食堂厨房应上下水设施齐全，设置隔油池，并定期清理。

(3) 食堂制作间、锅炉房、可燃材料库房应采用单层建筑，应与宿舍和办公用房分别设置，并应按相关规定保持安全距离。临时用房内设置的食堂、库房和会议室应设在首层。

(4) 食堂应设置独立的制作间、储藏间，门扇下方应设不低于0.2m的防鼠挡板。制作间灶台及周边应采取易清洁、耐擦洗措施，墙面处理高度大于1.5m，地面应做硬化和防滑处理，并保持墙面、地面整洁。

(5) 食堂应配备必要的排风和冷藏设施，宜设置通风天窗和油烟净化装置，油烟净化装置应定期清理。

(6) 食堂宜使用电炊具。使用燃气的食堂，燃气罐应单独设置存放间并应加装燃气报警装置，存放间应通风良好并严禁存放其他物品。供气单位资质齐全，气源应有可追溯性。

(7) 食堂外应设置密闭式泔水桶，并及时清运。

(8) 食堂工作人员上岗应穿整洁的工作服、戴工作帽和口罩，并应保持个人卫生。非炊事人员不得随意进入食堂制作间。

(9) 食堂制作间的炊具宜存放在封闭的橱柜内，刀、盆、案板等炊具应生熟分开。

(10) 食堂的炊具、餐具和公共饮水器具应及时清洗，定期消毒，餐饮具、容器使用前经清洗消毒并贮存在专用保洁柜，清洗消毒水池与其他用途水池分开。

(11) 严禁购买使用过期变质、无标签及标签不符合规范的食品原料；严禁制售易导致食物中毒的食品和变质食品。

（12）水质应符合《生活饮用水卫生标准》GB 5749—2006要求。

（13）使用符合《食品安全国家标准食品添加剂使用标准》GB 2760—2014的食品添加剂。

（14）生熟食品应分开加工和保管，存放成品或半成品的器皿应有耐擦洗的生熟标识。成品或半成品应遮盖，遮盖物品应有正反面标识。各种佐料和副食应存放在密闭器皿内，并应有标识。

（15）存放食品原料的储藏间或库房应有通风、防潮、防虫、防鼠等措施，库房不得兼作他用。粮食存放台距墙和地面应大于0.2m。

步骤5：检查食堂人员卫生是否满足要求：

（1）食堂工作人员必须持合格《健康证》和《卫生知识培训合格证》方可办理入职手续。

（2）食堂工作人员在《健康证》到期前10天内需到有资质的体检部门进行健康体检，办理新的《健康证》并及时上交项目部审查。工作期间如发现患有碍食品卫生安全的疾病必须及时向相关主管人员报告，单位将视病情轻重做调岗、病休或辞退的处理。

（3）食堂工作人员应保持良好个人卫生，操作时应穿戴清洁的工作服、工作帽，头发不得外露，不得留长指甲、涂指甲油、佩戴有碍食品操作与服务卫生的饰物。专间操作人员应戴口罩。

（4）食堂工作人员操作前手部应洗净，操作时应保持清洁。接触直接入口食品时，手部还应进行消毒。

（5）个人衣物及私人物品不得带入食品处理区。

（6）不得在食品处理区内吸烟、饮食或从事其他可能污染食品的行为。

步骤6：检查食堂采购查验和索证索票制度是否满足要求：

（1）指定经培训合格的专（兼）职人员负责食品、食品添加剂及食品相关产品采购索证索票、进货查验和采购记录。

（2）采购食品、食品添加剂及食品相关产品，应当到证照齐全的食品生产经营单位或批发市场，并应当索取、留存有供货方盖章（或签字）的购物凭证等材料，凭证应当包括供货方名称、产品名称、产品数量、送货或购买日期等内容。长期定点采购的，与供应商签订包括保证食品安全内容的采购供应合同。

（3）食品、食品添加剂及食品相关产品采购入库前，餐饮服务提供者应当查验所购产品外包装、包装标识是否合规，与购物凭证是否相符，并建立采购记录。

（4）按产品类别或供应商、进货时间顺序整理、妥善保管索取的相关证照、产品合格证明文件和进货记录，不得涂改、伪造，其保存期限不得少于2年。

步骤7：检查食堂食品卫生留样制度是否满足要求：

（1）食堂必须由专人负责留样，每餐、每样食品必须按要求留足100g以上，分别盛放在已消毒的餐具中。

（2）日常的具体操作应指定专人负责。凡经食堂加工、代销供应的各类食品，应按要求的内容、数量留样，不得缺斤少两。

(3) 食品留样密封好、贴好标签后，必须立即存入专用留样冰箱内。各留样食品，必须按要求存放在专用的冷藏柜内，温度应调控为 0～4℃，并保存 48 小时以上。留样食品不得食用。

(4) 留样食品达到要求的存放进度，需周转使用容器时，容器必须认真清洗和消毒，防止交叉污染。

(5) 留样冰箱（柜）为专用设备，温度设置在 0～4℃。留样食品间应保留合理间隔距离，不得和其他生、熟食品混放，以防交叉污染。

步骤 8：根据检查结果，完成表 10-3。

工地食堂卫生、食品安全检查用表 **表 10-3**

检查人员：　　　　　　　　　　　　　　　　　　　　　检查时间：

检查项目	检 查 内 容	满分	得分
许可情况（5 分）	许可证在有效期	2	
	未超出许可经营范围	2	
	没有转让、伪造、涂改、出借、倒卖、出租《餐饮服务许可证》的行为	1	
食品安全管理（5 分）	建立了以项目负责人为第一责任人的工地食堂食品安全责任制	1	
	有健全的工地食品安全管理组织机构	1	
	有专职食品安全管理人员	1	
	明确各岗位、环节从业人员的责任	1	
	将保证食品安全作为承包合同的重要内容	1	
健康管理及培训（5 分）	建立了从业人员健康管理档案	3	
	未发现患有有碍食品安全的疾病的从业人员上岗	1	
	开展食品安全知识和技能培训，从业人员掌握基本知识	1	
食堂环境（55 分）	食堂设置在远离厕所、垃圾站、有毒有害场所等有污染源的地方	5	
	食堂厨房应上下水设施齐全，设置隔油池，并定期清理	5	
	食堂配备必要的排风和冷藏设施，设置通风天窗和油烟净化装置，油烟净化装置应定期清理	5	
	食堂制作间、锅炉房、可燃材料库房应采用单层建筑，与宿舍和办公用房分别设置	5	
	食堂设置独立的制作间、储藏间，门扇下方设不低于 0.2m 的防鼠挡板	5	
	制作间灶台及周边采取易清洁、耐擦洗措施，墙面处理高度大于 1.5m，地面做硬化和防滑处理，并保持墙面、地面整洁	5	
	燃气罐单独设置存放间并应加装燃气报警装置，存放间通风良好并严禁存放其他物品。供气单位资质齐全，气源应有可追溯性	5	
	食堂外应设置密闭式泔水桶，并应及时清运	5	
	食堂制作间的炊具存放在封闭的橱柜内，刀、盆、案板等炊具生熟分开	5	
	食堂的炊具、餐具和公共饮水器具及时清洗定期消毒，餐饮具、容器使用前经清洗消毒并贮存在专用保洁柜，清洗消毒水池与其他用途水池分开	5	
	生熟食品应分开加工和保管，存放成品或半成品的器皿应有耐擦洗的生熟标识。成品或半成品应遮盖，遮盖物品应有正反面标识。各种佐料和副食应存放在密闭器皿内，并应有标识	5	

续表

检查项目	检 查 内 容	满分	得分
食堂人员卫生（20分）	食堂工作人员持合格《健康证》和《卫生知识培训合格证》	5	
	食堂工作人员操作前手部应洗净，操作时应保持清洁。接触直接入口食品时，手部还应进行消毒	5	
	个人衣物及私人物品不得带入食品处理区	5	
	不得在食品处理区内吸烟、饮食或从事其他可能污染食品的行为	5	
索证索票制度（5分）	有食堂采购食品及原料、食品添加剂及食品相关产品的验收和进货台账	2	
	食用盐、食用油脂、散装食品、一次性餐盒和筷子的进货渠道符合规定，落实索证索票制度	2	
	原料贮存符合安全要求，库存食品未超过保质期	1	
食品留样制度（5分）	食堂必须由专人负责留样，每餐、每样食品必须按要求留足100g以上，分别盛放在已消毒的餐具中	3	
	留样冰箱（柜）为专用设备，温度设置在0～4℃。留样食品间应保留合理间隔距离，不得和其他生、熟食品混放，以防交叉污染	2	
合计		100	

注：附《食堂卫生许可证》《健康证》。

实训2 整理实训1中存在的食品卫生安全问题，填写表10-4。

整改意见表 **表10-4**

序号	存在问题	整改意见	整改期限
1			
2			
……			

3. 实训考评

实训成绩考核表

序号	考核内容	所占分值	自评评分	小组评分	教师评分
1	是否按要求完成了实训内容	20			
2	是否掌握工地食品安全检查的内容	25			
3	是否掌握工地食品安全检查的评分标准	25			
4	实训态度	10			
5	团队合作	10			
6	拓展知识	10			
小计		100			
总评（取小计平均分）					

任务3 工地食堂食品安全突发事件应急预案

1. 实训目的

为了切实提高工地食堂应对食品安全突发事件的应急救援能力，深入贯彻落实《中华人民共和国食品安全法》，根据《餐饮服务许可管理办法》和《餐饮服务食品安全监督管理办法》要求，工程项目施工单位需要制定工地食品安全突发事件应急处理预案并定期组织工地食品安全突发事件应急处理预案演练。

2. 实训内容及实训步骤

实训日期：____________________ 实训成绩：____________________

班　　级：____________________ 小组成员：____________________

实训1 分小组模拟工地食堂食品安全突发事件应急预案演习。

步骤1：建立食品安全突发事件应急处理工作组

食品安全突发事件应急处理工作组组长通常为项目负责人，负责总体协调，组织、指挥相应的应急工作安排。工作组组员为项目主要管理人员，协助现场整体工作安排，收集记录相关情况，形成文字材料。

步骤2：对中毒者采取紧急处理

（1）停止食用中毒食品。

（2）采集病人排泄物和可疑食品等标本，以备检验。

（3）组织好对中毒人员进行救治。

（4）及时将病人送医院进行治疗。

（5）对中毒食物及有关工具、设备和现场采取临时控制措施。

步骤3：对中毒食品控制处理

（1）保护现场，封存剩余的食物或者可能导致食物中毒的食品及其原料。

（2）为控制食品中毒事故扩散，责令商家和生产经营者回收已出售的造成食物中毒的食品或者证据证明可能导致食物中毒的食品。

（3）经检验，属于被污染的食品，予以销毁或监督销毁。

步骤4：对相关用品采取相应的消毒处理。

（1）封存被污染的食品用具及工具，并进行清洗消毒。

（2）对微生物食物中毒，要彻底清洗、消毒接触过引起中毒食物的餐具、容器以及存储过程中的冰箱、设备，加工人员的手也要进行消毒处理，对餐具，用具、抹布最简单的办法是采取煮沸办法，煮沸时间不应少于5分钟，对不能进行热力消毒的物品，可用75%的酒精擦拭或用化学消毒剂浸泡。

（3）对化学性食物中毒要用热碱水彻底清洁接触过的容器、餐具、用具等，并对剩余的食物彻底清理，杜绝中毒隐患。

步骤5：填写食物中毒紧急报告，发生食物中毒或者疑似食物中毒事故的单位应及时填写《食物中毒事故报告登记表》，并报告上级主管部门和食品药品监管部门，说明发生食物中毒的单位、地址、时间，中毒人数，以及食物中毒症状等有关内容。

步骤 6：善后及责任追究

（1）善后工作由食品安全突发事件应急处理工作组负责，制定处置方案。

（2）责任追究属上级部门和司法机关管辖的，工地负责落实执行；属工地管辖的，由食堂食品安全突发事件应急处理工作组依照相关法律法规的规定研究决定。

（3）事件处理结束后，立即着手清查隐患，堵塞漏洞，组织食品管理和从业人员全员培训，并对工人进行情况通报和相关教育。

实训 2 完成表 10-5 食品安全事故应急演练记录。

食品安全事故应急演练记录 **表 10-5**

记录员： 演练日期：

<table>
<tr><td colspan="2">演练时间：</td><td>演练地点：</td></tr>
<tr><td colspan="3">演练应急情况：工人就餐后相继出现呕吐、心慌、恶心、胃痛现象，疑似食物中毒</td></tr>
<tr><td colspan="3">参加人员： 应急处理工作组组长：________
应急处理工作组组员：________
工人：________
食堂工作人员：________</td></tr>
<tr><td colspan="3">演练程序及记录：</td></tr>
<tr><td rowspan="8">演练效果评价</td><td>人员到位情况</td><td>□迅速准确 □基本按时到位
□个别人员不到位 □重点岗位人员不到位</td></tr>
<tr><td>履职情况</td><td>□职责明确，操作熟练 □ 职责明确，操作不够熟练
□职责不明确，操作不熟练</td></tr>
<tr><td>物资到位情况</td><td>现场物资 □物资充分全部有效 □现场准备不充分 □现场物资严重缺乏
个人防护 □全部人员防护到位 □个别人员防护不到位 □大部分防护不到位</td></tr>
<tr><td>协调组织情况</td><td>整体组织 □准确、高效 □协调基本顺利，能满足要求 □ 效率低，有待改进
应急小组分工 □合理、高效 □基本合理，能完成任务 □ 效率低，没完成任务</td></tr>
<tr><td>实战效果评价</td><td>□达到预期目标 □基本达到目的，部分环节有待改进
□没有达到目标，需重新演练</td></tr>
<tr><td>部门配合协作</td><td>报告上级 □报告及时 □报告不及时 □联系不上
配合部门 □配合、协作好，能及时到达 □ 配合、协作差，未及时到达</td></tr>
<tr><td>处理结果</td><td>□处理到位 □部分处理不到位 □大部分处理不到位</td></tr>
<tr><td>急救意识</td><td>□急救意识强 □ 急救意识薄弱 □ 急救意识差</td></tr>
<tr><td colspan="2">演练小结</td><td></td></tr>
<tr><td colspan="2">存在问题</td><td></td></tr>
</table>

3. 实训考评

实训成绩考核表

序号	考核内容	所占分值	自评评分	小组评分	教师评分
1	是否按要求完成了实训内容	20			
2	是否掌握食品安全突发事件应急处理工作组的人员配置原则	25			
3	是否掌握食品安全突发事件应急程序	25			
4	实训态度	10			
5	团队合作	10			
6	拓展知识	10			
小计		100			
总评（取小计平均分）					

项目 11　施工现场安全生产管理

近年来，国家对施工现场安全生产管理越来越重视，安全的重要性不言而喻。市政工程现场往往点多面广，高空作业、动火作业、吊装作业等多种作业混合、交叉施工，而且施工任务重，工期紧，人员流动性大，周边环境复杂，导致施工现场安全生产管理难度较大。针对市政工程施工现场安全生产特点，本项目从施工现场常见内容：日常安全教育、安全交底、安全生产例会、安全生产检查、安全验收等方面进行了梳理归纳，其中安全验收贯穿前述多个项目，已有详细介绍，在此仅做总结，其他内容则通过任务完成学习。

1. 安全验收目的

保证本工程过程中所涉及的安全措施、方案、材料能够在实施、使用前得到检查，消除安全隐患。

2. 安全验收一般规定

（1）各类安全防护用具、设施和设备及工作场所，在进入施工现场或投入使用前必须经过验收后方可投入使用。

（2）安全部门对安全设施在使用前进行验收，对涉及安全的材料、物品组织相关部门进行验收，安全生产验收应填写验收记录，重要设施、易燃易爆有毒设备（容器、管道）的安装、维修、改造工程的安全生产验收必须填写重要设施安全生产验收记录。

（3）责任工程师组织相关部门对分部分项工程的安全技术措施进行验收，验收合格才准施工，有缺陷整改合格后才可进行施工。

（4）危险性较大分部分项工程，由项目技术负责人组织相关人员进行安全技术措施的验收。

（5）所有验收项目安全总监都应提出具体意见和见解，对需组织重新验收的项目督促相关责任人进行整改和二次验收。

3. 安全验收范围

（1）安全防护用具：安全帽、安全网、安全带、漏电保护器、电缆、配电箱以及其他个人防护用品。

（2）各类临边、挡土坎、台阶高度、工作边坡角度、安全平台、运输平台和清扫平台、排土场护坡挡墙等防护设施；

（3）现场临时用电工程；

（4）挖掘机、推土机、自卸汽车、钻机和其他机械设备；

（5）现场的各类消防器材；

（6）上级安全管理部门或企业要求需要验收的其他用具、设施。

4. 安全验收组织实施（表11-1）

安全验收组织实施　　表11-1

安全验收种类	项目验收	企业验收	验收节点	备注
危险性较大的分部分项工程安全验收	生产单位技术负责人或方案编制人组织，相关部门参与		分部分项工程施工前	
一般防护设施，各类临边、孔洞、安全通道、安全网	项目责任工程师组织验收，项目安全人员和分包相关人员参加验收		开工至完工	
中小型机械设备	项目专业责任工程师组织，项目安全管理人员、分包单位相关人员参加验收		使用前	
24m以上落地式脚手架、悬挑脚手架、满堂红脚手架、吊篮、爬架、挂架、卸料平台、物料提升机、基坑等	现场生产经理组织验收，方案编制人、项目技术负责人、项目安全总监及搭设班组参加验收	技术部门、安全管理部门派人参加（或委托授权）	使用前	
临时用电工程	项目专业责任工程师组织验收，技术部门、安全部门、施工班组参加验收	安全部门派人参加（或委托授权）	开工至完工	
现场大型挖掘设备、运输设备等	安拆单位负责组织验收，项目技术负责人、责任工程师和技术部门、安全部门、设备管理部门人员参加验收	企业安全管理部门、设备管理部门派人参加	设备安装完毕后	
个人安全防护用品消防器材	项目安全工程师组织验收，安全管理部门、消防管理部门和物资管理部门参加验收	安全部门抽检	开工至完工	提供个人防护用品、消防器材检测报告及出厂合格证

5. 实训主要技能

（1）掌握安全培训计划、安全教育培训考核记录、施工安全日志的主要内容；

(2) 熟悉安全生产例会流程；

(3) 掌握安全事故排查、登记、整改、验收的制度；

(4) 编写安全隐患排查治理方案；

(5) 熟悉安全日常检查。

任务1 施工安全日志及安全教育

一、工程案例

甲公司承揽某城市地铁施工工程。为此，甲公司成立了施工项目部，设立了安全生产管理部门。开工前，项目部建立了安全管理体系，制定了相应的管理制度，落实安全责任。要求项目安全经理必须到位，配置专职安全生产管理人员。安全管理人员对进场作业人员进行了入场教育和岗前培训，并将电工、焊工、架子工、起重信号司索工、起重机械司机等建设主管部门认定的特种作业人员进行了培训教育和持证上岗报验。

施工某一天，专职安全生产管理人员填写了当天的施工安全日志，并对参加施工的钢筋工10人、混凝土浇筑工5人、焊工2人、电工1人的技术、安全交底作业情况进行了检查，发现无技术、安全交底且焊工、电工未持证上岗，有新进场钢筋工2名。针对上述情况，专职安全生产管理人员立即停止了本班组施工活动，并向项目安全经理汇报了情况，项目部对此进行了限期整改。

二、实训任务

1. 实训目的

熟悉施工安全日志的内容，了解日常安全生产管理工作巡查内容，会填写施工安全日志相关内容；熟悉项目施工安全教育知识，初步了解安全教育形式和内容。

2. 实训内容及实训步骤

实训1 如果你是本项目专职安全生产管理人员，依据上述案例，请补充完成当日的施工安全日志（表11-2）。

步骤：填写施工安全日志，见表11-2。施工安全日志应从开工到竣工验收，由专职安全人员对整个施工过程中的重要生产和技术活动的连续不断记录。它是项目每天安全施工的真实写照，也是工程施工安全事故原因分析的依据，因此须记录清晰、明确。施工安全日志主要为三部分内容：基本内容、施工内容、主要记事。

(1) 基本内容包括项目名称、日期、天气；

(2) 施工内容包括施工部位、工作班组、工作人数；

(3) 主要记事：①巡检（发现安全事故隐患、违章指挥、违章操作等）情况；②设施用品进场记录（数量、场地、标号、牌号、合格证份数等）；③设施验收情况；④设备设施、施工用电、“三宝、四口”防护情况；⑤违章操作、事故隐患发生的原因、处理意见和处理方法；⑥其他特殊情况。

施工安全日志　　　　**表 11-2**

施工单位：××施工有限公司　　　　编号：________

监理单位：××工程建设监理有限公司

<table>
<tr><td>项目名称</td><td colspan="3">××地铁10号线一期工程土建施工第×合同段</td><td>日期</td><td>2020年3月27日</td></tr>
<tr><td>施工部位</td><td colspan="3"></td><td>天气</td><td></td></tr>
<tr><td rowspan="2">施工内容</td><td>作业内容</td><td colspan="2">作业班组</td><td colspan="2">作业人数</td></tr>
<tr><td></td><td colspan="2"></td><td colspan="2"></td></tr>
<tr><td rowspan="6">主要记事</td><td colspan="5">一、巡检（发生安全事故隐患、违章指挥、违章操作等）情况：
1. 日常巡检中，发现施工作业未进行交底；
2. 特种作业________、________人员，未进行特种作业交底，且未____________；
3. 新进场人员未进行____________即上岗作业</td></tr>
<tr><td colspan="5">二、设施用品进场记录：
钢筋进场2t，混凝土振动棒3个，电焊机2台</td></tr>
<tr><td colspan="5">三、设施验收情况：
施工使用机具均满足安全要求，且均向监理单位报验完毕</td></tr>
<tr><td colspan="5">四、设备设施、施工用电、“三宝、四口”防护情况
施工用电满足要求，本次施工不涉及“三宝、四口”防护情况</td></tr>
<tr><td colspan="5">五、违章操作、事故隐患发生的原因、处理意见和处理方法
针对上述违规、违章操作，说明项目安全管理存在缺失，要求项目部安全、技术部门对施工人员进行安全技术交底，并形成书面交底归档；安全部门对新进场人员需____________；对特种作业人员进行____________，方可进行施工作业</td></tr>
<tr><td colspan="5">六、其他
人员均正确佩戴安全帽</td></tr>
<tr><td>专职安全员</td><td></td><td>项目负责人</td><td></td><td>日 期</td><td>2020.3.27</td></tr>
</table>

实训 2　如果你担任为本项目安全总监，针对以上案例中项目部新进场实习生15名，编制安全教育培训计划（表11-3）。

安全教育培训计划　　　　**表 11-3**

培训人员	培训内容	培训时间	培训方式	培训学时	考核方式

步骤1：培训人员及培训学时

（1）项目部应建立健全安全教育培训制度，每年年初制定项目年度安全教育培训计划，明确教育培训的类型、对象、时间和内容。

（2）项目负责人（B证）、专职安全生产管理人员（C证），按规定参加企业注册地所在政府相关部门组织的安全教育培训，取得相应的安全生产资格证书，并在3年有效期内完成相应学时的继续教育培训。施工单位应对管理人员和作业人员进行每年不少于两次的安全生产教育培训。施工单位法定代表人、生产经营负责人、项目经理每年接受安全培训的时间不得少于30学时。专职安全管理人员每年接受安全技术专业培训的时间不得少于40学时。

(3) 新进场的工人，必须接受公司、项目部、班组的安全教育培训，经考核合格后，方可上岗；安全教育学时：公司级、项目部级不少于15学时，班组级不少于20学时。

(4) 特种作业人员必须接受专门的安全作业培训，取得相应操作资格证书后，方可上岗。除接受岗前安全教育培训，每年还须进行针对性安全培训，时间不得少于20学时。

(5) 对工人转岗、变化工种应进行相应的安全教育培训。

(6) 项目部应结合季节性特点、施工要求进行日常安全教育，每月不少于1次。

(7) 项目部应督促各作业班组每天上岗作业前开展班前安全教育。

(8) 其他管理人员和技术人员每年应接受安全培训的时间不得少于20学时。

步骤2：负责部门及培训内容，见表11-4。

培训类别与培训内容 **表11-4**

序号	培训类别	负责人/部门	接受培训人	主要内容	备注
1	入场安全培训	安全管理部、综合办	全体员工	项目管理制度及项目安全管理制度，法律法规(权利和义务)，安全理论基本知识，规章制度，现场基本常识，安全行为规范，应急常识，典型案例，安全意识强化等	根据新员工进场情况随时组织进行
2	安全技能培训	各施工队长	全体作业人员	工器具使用，施工工艺，专业程序（如作业指导书），专业危险因素及预防措施	员工进场后根据其工作岗位及时组织培训
3	月度培训	安全管理部、工程技术部	项目管理人员及班组长	安全动态，安全知识，安全意识	每月组织召开安全月会的同时进行
4	交底培训	安全员	作业人员	危险因素，注意事项，操作规程	分项作业前
5	班前会	班组长	班组成员	风险分析，注意事项	每天班前
6	违章培训	项目管理人员	违章人员	安全操作规程，危险性分析	违章现场
7	特殊工种安全培训	安全总监、班组长	特种作业人员	安全操作规程，危险因素与控制措施，应急处理等	特种作业人员进场后及时进行，每月组织一次专项的特殊工种安全培训

续表

序号	培训类别	负责人/部门	接受培训人	主要内容	备注
8	消防培训	安全管理部	全体员工	灭火常识，消防器材使用，火灾危险点	每季度
9	应急救援队培训	安全总监	应急救援小组成员	急救常识，应急相应事项	根据工程进展情况及现场安全状态安排适时进行

步骤3：培训方式。

(1) 会议形式：安全知识讲座、座谈会、报告会、先进经验交流会、桌面演练、现场演练等。

(2) 宣传标语：安全宣传横幅、标语、标志、图片、安全宣传栏等。

(3) 多媒体培训：线上教育、视频播放。

(4) 现场观摩应急演示形式：安全操作方法演示、消防演习、急救方法演示、桌面演练等。

(5) 仿真模拟培训、体验式培训。

步骤4：考核方式：考核试卷及现场问答。未经培训或教育培训考核不合格的人员，不得上岗作业。

实训3　如果你作为专职安全生产管理人员，请针对场地硬化施工工作，组织施工人员进行安全教育，并编制安全技术交底。要求：以小组为单位，直播或拍摄视频新工人入场安全教育（项目部对新工人）与安全技术交底，并提交教育培训资料成果。

步骤1：安全教育实施流程（图11-1）。

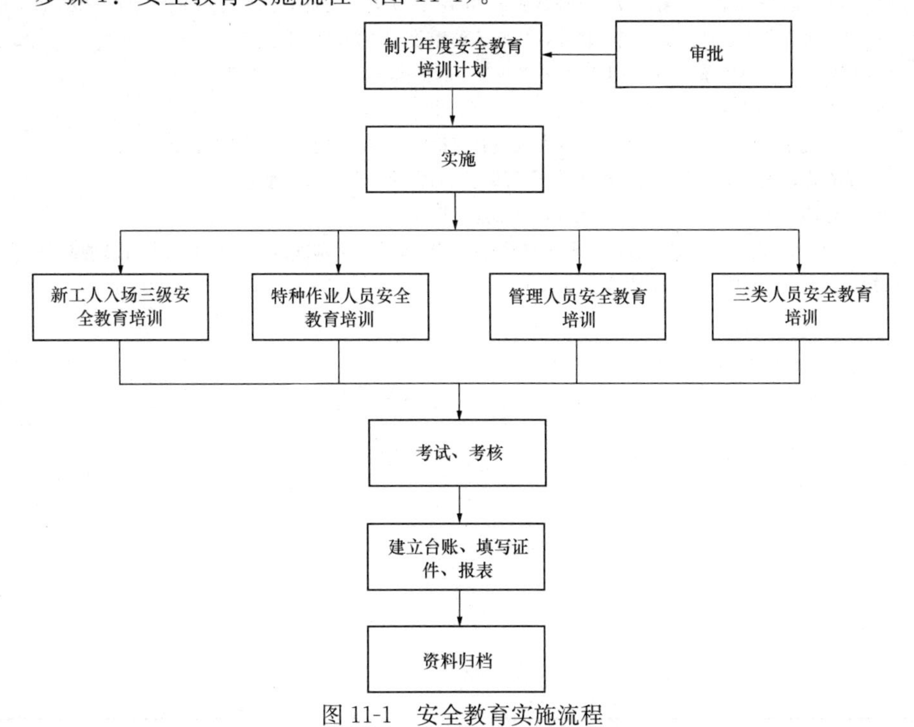

图11-1　安全教育实施流程

步骤 2：入场安全教育（项目部对作业人员）。

（1）小组组长作为项目部安全部专职安全员，其余成员作为新进场工人。组长对其他成员进行安全培训教育。

码11-1 入场要求

码11-2 安全教育培训制度

（2）可通过先观看视频（码 11-1），再在讲台进行宣讲。

（3）一名小组成员进行视频直播或拍摄。

（4）填写安全技术交底书（表 11-5），并让接受交底作业人员签字确认。

（5）提交实训成果（培训视频、安全教育培训记录、安全教育培训档案），见码 11-2。

安全技术交底书 **表 11-5**

工程名称	××地铁 10 号线一期工程土建施工第×合同段		
施工单位	××施工有限公司	工 种	普工、钢筋工、混凝土浇筑工、焊工、电工
施工部位	场地硬化	交底日期	2020 年 3 月 27 日

交底内容

1. 进入施工现场人员必须首先参加安全教育培训，经考试合格后方可上岗，未经教育培训或不合格者，不得上岗作业。

2. 施工人员严禁疲劳作业，酒后作业，带病作业。

3. 施工人员进入施工现场，应正确佩戴防护用品，如佩戴安全帽 ，系好下颚带，锁好带扣。

4. 非特种作业人员严禁进行特种作业，特殊工种作业人员必须持证上岗。

5. 高处作业（离坠落面 2m 以上）无可靠的安全防护措施必须系好安全带。

6. 所有人员严禁在施工现场嬉戏打闹，严禁打架斗殴。

7. 对于现场管理人员的违章指挥，作业人员有权拒绝，并可向上级管理人员报告。

8. 所有作业人员必须参加工班组或者项目部组织的各种安全技术交底。

9. 操作施工机具时必须遵守操作规程，严禁违章操作。

10. 班组间协同作业，必须服从工班长或者其他管理人员的合理安排，做到不伤害自己的同时，还应不伤害他人、不被他人伤害，并保护他人不被伤害

交底人		专职安全员	
接受交底单位负责人		交底时间	
接受交底作业人员签字			

3. 实训考评

实训成绩考核表

序号	考核内容	所占分值	自评评分	小组评分	教师评分
1	是否按要求完成了实训内容	20			
2	是否会填写施工安全日志	10			
3	是否编制安全教育计划	10			
4	是否能安全教育	15			
5	是否会安全交底	15			
6	实训态度	10			
7	团队合作	10			
8	拓展知识	10			
小计		100			
总评（取小计平均分）					

任务2 安全生产例会

1. 实训目的

通过实训任务，学生应熟知施工过程项目安全活动知识，了解项目安全活动内容，能组织与召开安全生产例会，会撰写安全生产会议纪要。

2. 实训内容及实训步骤

实训日期：______________ 实训成绩：______________

班　　级：______________ 小组成员：______________

实训 依据任务一案例中施工生产活动，以小组为单位模拟组织召开安全生产例会，撰写安全生产会议纪要（表11-6）。

安全生产会议纪要　　表11-6

工程名称			
会议时间		会议地址	
会议主持		会议记录	
会议名称			
参会人员	（详见会议签到表）		

会议内容：

1. 强化责任、明确工作目标，落实安全生产责任制；
2. 定期做好现场安全隐患排查治理工作；
3. ______________
4. ______________
5. ______________
6. ______________
7. 坚持做好班前安全教育，强化安全宣传工作；
8. 针对______________进行批评教育，要求重新对现场人员进行安全教育及交底；
9. ______________

步骤 1：什么是安全生产例会？

（1）安全生产例会是安全工作信息反馈的一种形式，以便指导安全工作，也可及时传达上级有关文件和指示精神。

（2）项目部每月召开安全生产例会 1～2 次，安全生产例会由项目经理或副经理主持，参加人员：安保科长、工程科长、办公室主任、施工负责人、劳务队长。会议地点在项目会议室。由安全部记录存档，并形成会议纪要印发各部室。

（3）安全生产例会分为：公司级安全管理例会、项目安全生产例会、班组级安全会议、各专业性安全会议、不定期安全生产会议等。

（4）会议内容：

1）通报前段时间生产中的安全、生产、工艺情况；针对安全生产存在的隐患和问题，本着“五落实”（整改内容、整改标准、整改措施、整改进度、整改责任）的原则进行整改；总结阶段性安全生产情况，结合施工部位、进度、特点有针对性部署阶段性安全管理要求，安排下一步工作任务。

2）学习安全生产标准、安全规章制度、安全操作规程等知识，传达上级部门的有关通知、文件精神。

3）通报违章违纪、不良现象和不安全行为；表扬遵章守纪先进事迹。

码11-3 安全例会汇报材料

码11-4 安全质量周例会会议纪要

步骤 2：结合上述案例相关内容，以小组为单位召开安全生产例会，组长主持会议，准备会议签到表。

步骤 3：结合案例内容，准备汇报材料（码 11-3）。

步骤 4：结合示例，撰写安全生产会议纪要（码 11-4）。

步骤 5：收集成果（会议签到表、安全生产会议纪要、安全生产会议汇报材料）。

3. 实训考评

实训成绩考核表

序号	考核内容	所占分值	自评评分	小组评分	教师评分
1	是否按要求完成了实训内容	20			
2	是否模拟召开了安全生产例会	30			
3	是否会编制安全生产例会记录	20			
4	实训态度	10			
5	团队合作	10			
6	拓展知识	10			
小计		100			
总评（小计取平均值）					

任务3　安全生产检查

一、基础知识

1. 安全生产检查的内容

码11-5 安全生产检查

（1）安全管理体系情况。即安全管理机构是否建立、安全员是否配备、制度是否健全，是否正常运行；各层级间是否签订了安全责任书，对下级的安全考核奖罚是否有效落实，与各相关方是否签订安全协议书，是否按规定程序开展安全管理工作。

（2）安全教育培训情况。年度教育培训是否有计划、有落实、有考核、有档案；“三类人员”是否有效持证，特种作业人员是否持证上岗，一线施工作业人员是否进行“三级教育”。

（3）安全生产检查情况。是否按制度规定开展了安全检查，是否及时对安全隐患进行整改，是否建立了隐患排查台账。

（4）安全经费使用情况。是否编制了安全经费使用计划，是否按规定足额及时规范使用，使用登记是否清楚，建设单位是否及时按规定支付安全费用。

（5）应急工作准备情况。各类应急预案是否制定并适时修订，应急工作机构、应急救援队伍是否建立，应急设备物资是否齐备，是否开展应急工作学习培训和应急演练。

（6）安全技术措施落实情况。施工组织设计、安全专项施工方案、安全操作规程是否按规定编制完成，是否如实实施。

（7）事故管理情况。事故是否按规定及时上报，是否按“四不放过”原则处理事故，是否建立事故管理档案。

（8）安全管理台账建立情况。各类安全管理台账是否均已建立，内容是否完善，分类是否正确，保管是否良好，是否及时归档装订。

（9）施工现场情况。作业条件和环境是否符合安全及职业健康要求，施工用电是否规范，消防工作是否到位，安全标志和防护设施是否规范设置，劳动防护用品是否规范穿戴，机械设备是否规范使用，是否存在“三违”现象，是否存在事故隐患，对危险源的监控防护措施是否落实，是否文明施工等。

2. 安全生产检查的类型

（1）按检查时间分为定期检查、日常检查、季节性及节假日前安全生产检查。

（2）按检查内容分为安全验收检查、专项检查和综合检查。

3. 安全生产检查组织实施

（1）实施安全检查就是通过访谈、查阅文件和记录、现场检查、仪器测量的方式获取信息。

1）日检查：项目安全员每日必须巡视施工现场安全生产情况，做到早巡视、晚复查，随时排查安全隐患，制止违章指挥、违章作业现象，并跟踪监管隐患整改落实情况。

2）周检查：项目经理部每周由生产经理组织，安全负责人配合，项目部相关部门人员及施工队主要管理人员参加，对施工现场进行一次专项安全生产大检查。

3）月检查：每月由项目经理组织，项目部相关部门人员及施工队主要管理人员参加，对施工现场进行综合安全生产大检查。检查内容：安全管理、生活区管理、施工现场、料具管理、环境保护、脚手架、安全防护、临时用电、起重吊装、机械安全、消防保卫，并综合评分。

（2）专业（项）安全生产检查：由项目组织专业人员，对现场进行安全防护、用电安全、机械安全、消防安全专项检查。

（3）季节性安全生产检查：防暑降温、防雨防洪、防雷、防电、防寒、防冻等季节性安全生产检查，由安全部门负责，组织有关部门和施工队进行，发动工人做好预防工作，并将检查和整改情况上报分公司。

（4）特殊性安全生产检查：由项目领导带队，相关部门参加，在元旦、春节、五一、十一等特殊节假日前后，对施工现场进行安全、消防等措施落实情况的检查。

4. 安全生产检查方法

码11-6 部分专项安全检查评分表

为使检查工作更加规范，将主观行为对检查结果的影响减小到最小，常采用安全检查表（记录法，见图11-2）。安全检查表（码11-6）是进行安全检查，发现和查明各种危险和隐患，监督各项安全规章制度的实施，及时发现事故隐患并制止违章行为的有力工具。

5. 安全检查的规定

（1）项目经理应执行带班检查制度，并应有记录；

（2）项目经理部应建立安全检查制度、事故隐患排查治理制度；

（3）项目经理部应开展日常、定期、季节性安全检查和安全专项检查，并留有检查记录，建立安全检查档案，将每次检查和整改的情况详细记录在案，便于一旦发生事故时追溯原因和责任；

（4）凡在检查中发现的安全隐患，签发安全隐患整改通知单，制定安全隐患整改措施，落实整改责任并进行复查，重大隐患要在规定限期时间内百分之百的整改完毕，所有的整改通知单及整改完成情况都要存档。

6. 安全隐患整改一般规定

（1）项目部应建立隐患排查治理、报告和整改销项实施办法，完善有效控制和消除隐患的长效机制。

（2）隐患主管部门和人员应按“五定”原则（定责任人、定时限、定资金、定措施、定预案）落实隐患整改。暂时不能整改的隐患或问题，除采取有效防范措施外，应纳入计划，落实整改。

（3）安全部门派专人对整改情况进行复查，并签字确认，或通过安全检查信息系统移动端进行确认。

（4）被上级单位挂牌的重大安全隐患，项目部应制定切实可行的整改方案，并将整改完成情况报督办单位安全部门。

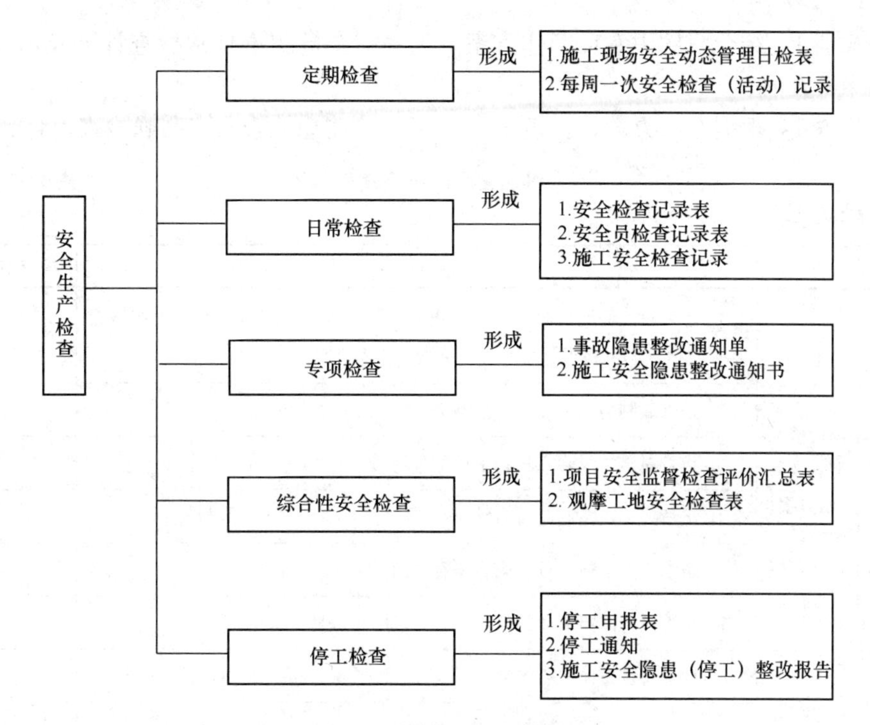

图 11-2　安全生产检查记录

（5）针对重大安全隐患或者重复隐患，项目部应对整改不力的责任人进行教育并处罚。

（6）项目部组织周检、日常检查后，应下发隐患整改通知单，整改责任到人，按照要求进行整改、回复。

7. 专项安全检查案例

某城市每年 6 月 15 日至 9 月 30 日为汛期，为确保施工项目工程能够安全度汛，项目建设单位印发了“2020 年防汛工作专项方案”，开展防汛隐患排查治理专项行动，并要求项目部结合实际现场情况，编制本项目的 2020 年防汛工作实施方案和应急预案。

项目部高度重视文件要求，第一时间召开了专题会议、明确了责任和分工，做好防汛部署。会议要求项目工程部结合建设单位及上级公司相关要求编制现场防汛工作实施方案（码 11-7），并上报监理单位审批；安全部编制防汛专项检查计划，并落实汛期隐患排查工作，确保项目部汛期施工安全平稳可控。

码11-7 防汛工作实施方案

二、实训任务

1. 实训目的

能够理解建设单位下发的防汛工作专项方案，掌握防汛专项检查内容，能进行安全隐患检查、安全检查整改回复。

2. 实训内容及实训步骤

实训日期：____________　　实训成绩：____________

班　　级：____________　　小组成员：____________

实训1 结合案例中专项工作方案，编制安全员防汛日常检查计划及汛期安全隐患检查内容。

步骤1：根据专项方案，按表11-7汛期安全隐患检查表，明确检查内容。

汛期安全隐患检查表 **表11-7**

工程名称：

序号	检查项目	检查内容	检查情况
1	周边情况调查及防汛方案	1. 是否对工程周边雨、污水管线进行了调查，是否对工程周边有压自来水管道及无压污水管道进行了调查	
		2. 是否编制防汛方案及应急预案	
		3. 是否对汛情风险点进行了评估分析	
		4. 汛情风险点措施是否有针对性	
		5. 防汛方案、应急预案内容是否全面，有无针对性	
		6. 是否进行防汛应急演练，演练记录、评价是否真实	
2	现场巡查与值班	1. 现场排水系统是否畅通	
		2. 汛期内是否安排专人每天进行巡视，巡视发现的安全隐患是否及时处理，巡视记录是否真实	
		3. 所有敞口工程周边挡水墙高度是否满足要求	
		4. 是否建立防汛值班制度和雨前检查、雨中巡视和雨后总结制度，记录是否齐全、真实	
3	防汛物资和设备	1. 防汛物资是否到位，现场防汛措施落实是否到位，水泵的数量、排水量是否满足要求，水泵是否已试运行，水泵所需的配套设施（水管、配电箱、电线等）是否齐全有效	
		2. 防汛设备、物资是否满足现场需要，质量是否符合要求，是否建立台账，台账是否与现场相符	

施工单位负责人： 单位名称：

监理单位负责人： 单位名称：

步骤2：根据专项方案，按照表11-8编制工作计划。

防汛专项安全检查工作计划 **表11-8**

序号	工作计划	简要内容	负责人	工作时间	检查方式	检查地点	备注
1	动员部署						
2	自查整改						
3	汛期保障						
4	工作总结						

实训2 假如你是建设单位安全管理人员，在2020年6月5日的检查中，发现某地铁车车站施工现场存在场地排水沟因长久未清理，堵塞严重；防汛沙袋严重缺失；应急水泵无法正常运转且无定期检查试运行记录；现场晴雨表虽张贴，但无及时填写等问题，你对本次检查结果下发了整改通知单，并要求3日内整改完成，请完成整改通知单的填写。

步骤：将发现问题填入整改通知单（表11-9）中“存在问题”一栏；根据要求整改时间为3日，根据当天检查日期，推算“__年__月__日前整改（或落实）完毕”。

整改通知单 **表11-9**

编号： 年 号

检查区域、标段		检查日期	
检查人员：			
存在问题			
整改意见	1. 对于以上检查中存在问题要求 年 月 日前整改（或落实）完毕。 2. 整改完毕后填写整改回复单，报建设单位安质部。 3. 附相关会议纪要、整改方案及影响资料		
单位名称：	施工单位负责人：		
单位名称：	监理单位负责人：		

实训3 结合实训2，按表11-10登记项目部隐患排查台账。

安全施工隐患排查问题台账表 **表11-10**

编号	检查人/单位	发现时间	部位	问题描述	要求整改完成时间	责任部门	责任人	复查人	整改完成销项时间	是否超限	备注
1	赵某	2020.5.29	某地铁车站	部分预留井口防护缺失	立即整改	安全部门	唐某	赵某	2020.5.29	否	
2	于某	2020.5.29	××区间	施工现场有未戴安全帽现象	2020.6.1	安全部门	张某	李某	2020.6.1	否	
……											

实训4 请对实训2中存在问题进行整改回复，填写安全检查整改回复单（表11-11）。

步骤1：在表11-11中“整改情况”栏填写内容为：“我单位对发现的安全问题已经逐一整改完成，符合××规范或××规定要求。具体整改效果见附件”。附件中可补充整改前与整改后的照片进行佐证。

步骤2：安全检查整改回复单要经监理签字或签章认可，要求一式三份，分别由建设单位、监理单位、施工单位留存。

安全检查整改回复单　　表 11-11

工程名称		整改通知单编号	年　号

整改情况：

施工单位负责人（签章）：

年　　月　　日

监理复查意见：

总监理工程师（签章）：

年　　月　　日

1. 本表一式三份，施工单位、监理单位、建设单位各一份。

2. 施工单位应于 3～5 个工作日内对检查中存在的问题进行整改并做出书面回复（必要时须以照片、图片形式加以补充说明）。

3. 实训考评

实训成绩考核表

序号	考核内容	所占分值	自评评分	小组评分	教师评分
1	是否按要求完成了实训内容	20			
2	是否会编制日常检查内容制订检查计划	10			
3	是否完成整改通知单填写	15			
4	是否完成隐患台账填写	10			
5	是否完成整改回复单填写	15			
6	实训态度	10			
7	团队合作	10			
8	拓展知识	10			
	小计	100			
	总评（取小计平均分）				

项目 12 安全事故及应急管理

1. 安全事故的定义

(1) 市政工程生产安全事故

市政工程生产安全事故是指市政基础设施工过程中突然发生的，伤害人身安全和健康，或者损坏设备设施，或者造成经济损失的，导致原生产经营活动暂时中止或永远终止的意外事件。在施工中要尽量做到安全生产“零事故”，实现既定的安全生产目标。

(2) 应急管理

应急管理是指在生产经营活动中，为了避免造成人员伤害和财产损失的事故而采取相应的事故预防和控制措施。

(3) 应急预案

应急预案是指针对可能发生的事故，为迅速、有序地开展应急行动而预先制定的行动方案。应急预案是工程开工、运营开通的重要条件之一，没有完成应急预案的编制、审核程序，不得开工、开通。

项目部的应急预案体系主要由综合应急预案、专项应急预案和现场处置方案构成。

综合应急预案是从总体上阐述项目的应急方针、政策，组织机构及职责、预案体系、响应程序、施工预防及应急保障、应急培训及预演演练等基本要求和程序，是应对各类事故的综合性文件。

专项应急预案是生产经营单位为应对某一类型或某几种类型事故，或者针对重要生产设施、重大危险源、重大活动防止生产安全事故而制定的专项性工作方案。专项应急预案主要包括事故风险分析、应急指挥机构及职责、处置程序和措施等内容。例如基坑坍塌事故、触电事故、防汛、火灾事故、机械伤害等多项应急预案。项目部应根据本单位组织管理体系、生产规模、危险源的性质以及可能发生的事故类型确定应急预案体系，并可根据本单位的实际情况，确定是否编制专项应急预案。

现场处置方案是生产经营单位根据不同事故类别，针对具体的场所、装置或设施所制定的应急处置措施，主要包括事故风险分析、应急工作职责、应急处置和注意事项等内容。风险因素单一的小微型项目可只编写现场处置方案。

2. 安全事故的等级划分

根据《生产安全事故报告和调查处理条例》第三条的有关规定，生产安全事故一般分为以下四个等级：

(1) 特别重大事故，一次造成 30 人以上（含 30 人）死亡；或者一次造成 100 人以上（含 100 人）重伤（包括急性工业中毒，下同）；或者一次造成 1 亿元以上（含1亿元）直接经济损失。

（2）重大事故，一次造成10～29人死亡；或者一次造成50～99人重伤；或者一次造成5000万～1亿元直接经济损失。

（3）较大事故，一次造成3～9人死亡；或者一次造成10～49人重伤；或者一次造成1000万～5000万元直接经济损失。

（4）一般事故，一次造成1～2人死亡；或者一次造成1～9人重伤（包括急性工业中毒）；或者一次造成100万～1000万元直接经济损失。

3. 一般规定

（1）安全事故

市政工程生产安全事故的报告，应当及时、准确、完整，任何单位和个人对事故不得迟报、漏报、谎报或者瞒报。

发生事故后，施工企业应向事故发生地住房城乡建设主管部门报告，住房城乡建设主管部门接到施工单位负责人或者事故现场有关人员的事故报告后，应当逐级上报事故情况。

（2）应急管理

建筑施工企业应建立生产安全事故应急体系，制定本企业生产安全事故应急预案，并组织、指导、监督各施工项目部制定施工现场生产安全事故应急预案。

企业应定期对应急救援体系的有关人员进行专项培训，使其掌握救援内容，提高应急能力；定期对应急物资进行检查和维护；定期组织专项应急演练。

应急救援演练或应急救援实施结束后，企业应对应急救援效果进行评价，并对发现的问题进行改进和纠正。

4. 实训主要技能

（1）熟悉市政工程常见安全事故，熟悉应急管理；

（2）掌握安全生产事故处理程序；

（3）掌握伤亡事故处理程序；

（4）熟悉应急预案的编制要求，组织应急演练；

（5）掌握常用急救技能。

任务1 事故预测和预防

一、背景资料

在《住房和城乡建设部办公厅关于2019年房屋市政工程生产安全事故情况的通报》中，全国房屋市政工程生产安全事故按照类型划分，高处坠落事故415起，占总数的53.69%；物体打击事故123起，占总数的15.91%；土方、基坑坍塌事故69起，占总数的8.93%；起重机械伤害事故42起，占总数的5.43%；施工机具伤害事故23起，占总数的2.98%；触电事故20起，占总数的2.59%；其他类型事故81起，占总数的10.47%（图12-1）。

全国房屋市政工程生产安全较大及以上事故按照类型划分，土方、基坑坍塌事故9起，占事故总数的39.13%；起重机械伤害事故7起，占总数的30.43%；

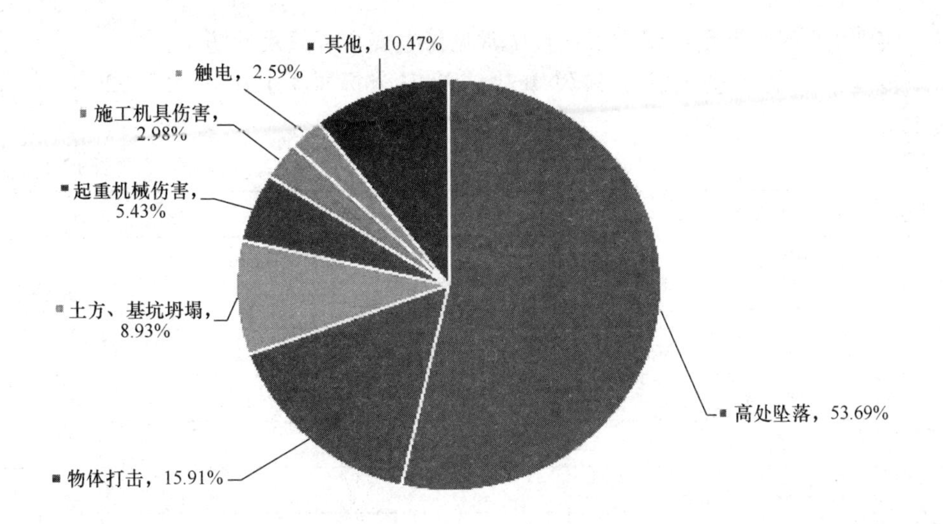

图 12-1　2019 年全国房屋市政工程生产安全事故类型情况

建筑改建、维修、拆除坍塌事故 3 起，占总数的 13.04%；模板支撑体系坍塌、附着升降脚手架坠落、高处坠落以及其他类型事故各 1 起，各占总数的 4.35%（图 12-2）。

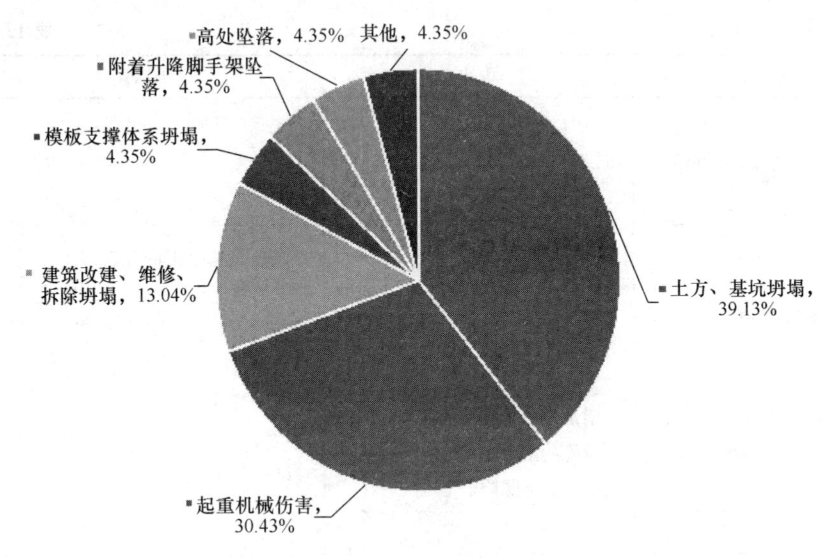

图 12-2　2019 年全国房屋市政工程生产安全较大及以上事故类型情况

二、实训任务

1. 实训目的

通过本次实训任务，能熟悉市政工程常见安全事故，了解事故的预防措施，掌握事故处理的程序。

2. 实训内容及实训步骤

实训日期：________________　　实训成绩：________________

班　　级：________________　　小组成员：________________

实训1 列举市政工程施工过程中常见易发安全事故及预防

步骤：根据《建筑施工易发事故防治安全标准》JGJ/T 429—2018 填写表12-1。

施工现场易发事故 **表12-1**

序号	事故名称	易发部位
1	坍塌事故	基坑工程、边坡工程……
2	物体打击	
3	机械伤害	
4	触电事故	
5	起重伤害	
6	食物中毒	
7	高处坠落	

实训2 通过头脑风暴法，结合前述所学内容，小组讨论安全事故预防的常见有效措施。

步骤：以小组为单位，组长主持，小组成员分别列出安全事故预防的措施。建议根据表12-2提示进行讨论。

表12-2

<table>
<tr><th>序号</th><th colspan="2">项目</th><th>内容</th><th>有效措施</th></tr>
<tr><td rowspan="4">1</td><td rowspan="4">设置安全装置</td><td>安全防护</td><td>“四口”“五临边”、基坑、机械设备“轮有罩，轴有套”、施工用电</td><td></td></tr>
<tr><td>信号装置</td><td>颜色信号、仪表信号、音响信号</td><td>如指挥起重工的红、绿手旗，场内道路上的红、绿、黄灯。如塔式起重机上的电铃、指挥吹的口哨等，如压力表、水位表、温度计等</td></tr>
<tr><td>保险装置</td><td>锅炉、压力容器的安全阀；供电设施的触电保护器；各种提升设备的断绳保险器等</td><td></td></tr>
<tr><td>危险警示标志</td><td></td><td></td></tr>
<tr><td>2</td><td colspan="2">预防性的机械强度试验</td><td>施工用的丝绳、钢材、钢筋、机件吊篮架、脚手架</td><td></td></tr>
<tr><td>3</td><td colspan="2">电气绝缘检验</td><td></td><td></td></tr>
<tr><td>4</td><td colspan="2">机械设备的维修保养</td><td></td><td>使用后需及时加油清洗；对每类机械设备均应建立档案，进行定期的大、中、小检修</td></tr>
<tr><td>5</td><td colspan="2">合理使用劳动保护用品</td><td>个人防护</td><td></td></tr>
</table>

续表

序号	项目	内容	有效措施
6	文明施工		平面布置合理；原材料、构配件堆放整齐；各种防护齐全有效；各种标志醒目；规范化、标准化管理现场
7	安全教育、安全交底		
8	安全生产责任制		

3. 实训考评

成绩考核表

序号	考核内容	所占分值	自评评分	小组评分	教师评分
1	是否按要求完成了实训内容	20			
2	是否掌握施工现场易发事故	25			
3	是否掌握施工现场易发事故预防措施	25			
4	实训态度	10			
5	团队合作	10			
6	拓展知识	10			
小计		100			
总评（取小计平均分）					

任务2　安全事故处理

一、案例

小王毕业后就职于某建筑施工企业，现为某改建工程项目部的安全员。某日现场发生了脚手架垮塌事故，造成在其上工作的3名工人当场坠落死亡，2名工人重伤，随后在送往医院救治途中死亡。

二、实训任务

1. 实训目的

通过本次实训任务，掌握安全事故处理程序。

2. 实训内容及实训步骤

实训日期：________________　　实训成绩：________________

班　　级：________________　　小组成员：________________

实训1　坠落事故处理应急演练。

步骤1：学习生产事故应急演练视频（码12-1）。

步骤2：材料准备：口哨、电话、消毒纱布、绷带、布带或橡皮带、夹板、简易担架。

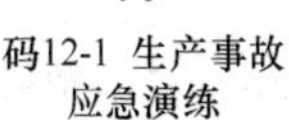

码12-1 生产事故应急演练

步骤3：演练开始。

（1）由发现者大声呼叫，并立即打电话报告应急救援指挥部，总指挥立即发出救援信号，并将事故内容上报项目安全部门，同时联系安全负责人立即开始联络各施工队和准备对外联系。组织人员设立警哨，维护现场秩序，指导施工人员疏散。

（2）工地卫生员到达事故发生地点，立即为伤者止血、扎绷带，进行现场紧急救护。

（3）拨打120，请求医院救助。

（4）组织人员用担架将伤员按规定抬至安全区域等救护车，救护车到达后，立即按预定路线送伤员到医院治疗。

实训2 实训安全事故处理程序。

步骤1：学习安全生产事故处理视频（码12-2）。

码12-2 施工现场安全事故处理

步骤2：迅速抢救伤员、保护事故现场。①抢救伤员，排除险情，防止事故蔓延扩大；②保护好事故现场。在事故排险、伤员抢救过程中，要保护好事故现场，确因抢救伤员或为防止事故继续扩大必须移动现场设备、设施时，应留存原始影像资料。任何单位和个人不得以抢救伤员等名义故意破坏或者伪造事故现场。

步骤3：伤亡事故报告。

施工项目发生伤亡事故，负伤者或者事故现场有关人员应立即直接或逐级报告。①事故发生后各级应急指挥中心第一时间以口头形式（电话）速报，之后补充书面（电子邮件或传真）报告：生产安全事故报告单。②填写生产安全事故报告单（表12-3）。

生产安全事故报告单 **表12-3**

（1）事故单位概况

项目名称	××省×市　项目名称	项目经理及联系电话	
建筑面积		工程类别	房建/基础设施
合同额		施工阶段	基础/地下室/主体/装修
总承包单位		资质等级	
劳务分包单位		资质等级	
专业分包单位		资质等级	

（2）事故摘要

<table>
<tr><td>事故时间</td><td>年　月　日　时</td><td>事故具体地点/部位</td><td></td></tr>
<tr><td>事故后果</td><td colspan="3">□伤亡人数：死亡　　人，重伤　　人，轻伤　　人
□直接经济损失　　万元
□其他后果：</td></tr>
<tr><td>事故级别</td><td colspan="3">□特别重大事故　□重大事故　□较大事故
□A级一般事故　□B级一般事故　□C级一般事故</td></tr>
<tr><td rowspan="2">事故类别</td><td colspan="3">□人员伤亡事故　□财产损失事故　□损坏市政设施/构筑物事故
□媒体曝光事件　□有负面影响的安全事件　□其他</td></tr>
<tr><td colspan="3">□高处坠落　□物体打击　□坍塌　□机械伤害　□触电
□起重伤害　□中毒与窒息　□火灾　□车辆伤害　□其他</td></tr>
</table>

（3）伤亡人员情况

姓名	性别	年龄	工种	籍贯	伤亡程度	用工形式
						直聘/劳务分包/专业分包/甲方指定分包

（4）事故经过及救援情况

事故简要经过及原因初步分析			
已采取的救援行动及控制措施			
后续拟采取的行动			
报告单位（章）		拟稿人及联系电话	
报告时间	年　月　日　时	签　发	

步骤4：现场勘察。主要包括：①现场笔录；②现场拍照；③现场绘图；④收集事故资料等。

步骤5：组织事故调查组。

事故调查组成员条件：①与所发生事故没有直接利害关系；②具有事故调查所需要的某一方面业务的专长；③满足事故调查中涉及企业管理范围的需要。

步骤6：分析事故原因。

步骤7：制定事故预防措施。

步骤8：事故责任分析及结案处理。①事故责任分析。在查清伤亡事故原因后，必须对事故进行责任分析，目的在于使事故责任者、单位领导和广大职工群众吸取教训，接受教育，改进工作。②事故报告书。事故调查组在查清事实、分析原因的基础上，组织召开事故分析会，按照“四不放过”的原则，对事故原因进行全面调查分析，制定出切实可行的防范措施，提出对事故有关责任人员的处理意见，填写“企业职工因工伤亡事故调查报告书”（见表12-4）。

企业职工因工伤亡事故调查报告书　　表 12-4

一、企业详细名称　　地址
　　企业法人　　委托人　　电话
二、企业类型
　　国民经济行业
　　隶属关系
　　直接主管部门
三、事故发生时间
四、事故发生地点
五、事故类别
六、事故全部原因
　　其中主要原因
七、事故级别
八、死亡人员情况
九、本次事故损失工作日总数
十、本次事故经济损失
　　其中直接经济损失
十一、事故经过
十二、事故原因分析
十三、预防同类事故重复发生的措施
十四、事故调查的有关资料
1. 事故现场平面示意图；2. 事故现场模拟照片；3. 企业营业执照及资质证书复印件；4. 死者个人证件、受安全教育情况；5. 安全技术交底书；6. 见证人的证明材料；7. 事故死亡诊断书及证明；8. 与家属签订的经济补偿协议书
十五、事故调查小组成员名单
十六、善后处理小组人员名单
十七、善后处理初步意见

步骤 9：问责。

依据事故等级，对应安全生产岗位职责，按照“四不放过”原则，逐级追究全员安全生产责任。

步骤 10：结案处理。

根据政府机关的结案批复后，进行事故建档（表 12-5）。

工程安全事故处理结果　　表 12-5

项目名称：＿＿＿＿＿＿＿＿　　编　号：＿＿＿＿

单位名称：＿＿＿＿＿＿＿＿　　合同段：＿＿＿＿

事故发生单位			事故发生时间	年　月　日　时　分
项目名称及合同段			事故发生地点部位	
事故类型			伤亡情况	
事故性质	□重大	□一般	事故直接经济损失	万元
事故发生简要经过：				
事故责任鉴定：				
事故处理情况：				
有关责任人处理情况：				
整改措施及要求：				
处理单位			处理日期	年　月　日

3. 实训考评

成绩考核表

序号	考核内容	所占分值	自评评分	小组评分	教师评分
1	是否按要求完成了实训内容	20			
2	是否掌握事故上报流程	25			
3	是否能填写事故处理表格	25			
4	实训态度	10			
5	团队合作	10			
6	拓展知识	10			
小计		100			
总评（取小计平均分）					

任务3　应急管理

1. 实训目的

通过本次实训任务，熟悉应急预案的编制，会组织应急演练。

2. 实训内容及实训步骤

实训日期：____________________　　实训成绩：____________________

班　　级：____________________　　小组成员：____________________

实训1　编写防火灾事故应急预案（码9-2）。

步骤1：成立工作组。

结合本单位部门职能分工，由项目经理组织，项目总工程师会同各部门编制，明确编制人员、职责分工，制订工作计划。

步骤2：资料收集。

收集应急预案编制所需的各种资料。

步骤3：危险源与风险分析。

在危险因素分析及事故隐患排查、治理的基础上，确定本单位的危险源、可能发生事故的类型和后果，进行事故风险分析并指出事故可能产生的次生事故，形成分析报告，将分析结果作为应急预案的编制依据。

步骤4：应急能力评估。

对本单位应急装备、应急队伍等应急能力进行评估，并结合本单位实际，加强应急能力建设。

步骤5：应急预案编制。

针对可能发生的事故，按照有关规定和要求编制应急预案。应急预案编制过程中，应注重全体人员的参与和培训，使所有与事故有关人员均掌握危险源的危险性、应急处置方案和技能、应急预案充分利用的社会应急资源，与地方政府预案、上级主管单位以及相关部门的预案相衔接。

步骤 6：应急预案的评审与发布。

评审由本单位主要负责人组织有关部门人员进行。外部评审由上级主管部门或地方政府负责安全管理的部门组织审查。评审后，按规定报有关部门备案，并将生产经营单位主要负责人签署发布。

实训 2 以班级为单位组织全班同学进行消防应急演练。

码12-3 消防应急演练实施方案与应急演练计划

步骤 1：教师组织学生认真学习消防应急演练实施方案（码 12-3），指导学生编制消防应急演练方案，制订消防应急演练计划。

步骤 2：参演队员编写应急演练脚本（码 12-4）。

步骤 3：班长发布应急演练通知（码 12-5）。

步骤 4：班委成员组织开展应急演练。（1）现场用少量木材浇汽油进行点燃；（2）现场目击者呼救，并同时打电话给项目负责人。说清楚事情发生的具体地点、燃烧物、目前火势情况；（3）项目负责人接到电话后，第一时间拨打 119，准确地讲清起火单位、所在地区、街道、房屋门牌号码、起火部位、燃烧物、火势大小、报警人姓名以及电话号码，同时必须告知工程附近醒目标志建筑物，以便消防队员迅速判断方位；（4）项目负责人报警后，通知现场应急相关人员赶赴现场，组织并参与灭火救人；（5）消防逃生演练。1）演练学生分别从安全出口处疏散，按规定路线，从指定安全出口引导人员有序逃生，避免拥挤摔倒现象发生；2）撤离人员用湿毛巾等物品捂住口鼻弯腰从火场撤出；3）学生按照指令疏散至开阔安全地点，列队清点人数。

步骤 5：填写应急演练记录（码 12-6）

步骤 6：应急演练评价与总结（码 12-7）。

码12-4 消防应急演练脚本

码12-5 消防应急演练通知

码12-6 消防应急演练记录

码12-7 消防应急演练评价总结

3. 实训考评

成绩考核表

序号	考核内容	所占分值	自评评分	小组评分	教师评分
1	是否按要求完成了实训内容	20			
2	是否会编写防火灾事故应急预案	25			
3	是否会组织实施火灾应急演练	25			
4	实训态度	10			
5	团队合作	10			
6	拓展知识	10			
小计		100			
总评（取小计平均分）					

任务4 急 救 应 用

紧急救护，是指在人体受到伤害时或急性发病时的救助保护行动。现场紧急救护，对伤员在短时间内能起到初步的救护，转危为安，避免致残，不发生生命危险，具有重要意义。常见的紧急救护主要有四种情况：外伤止血，包扎，骨折固定和搬运，心肺复苏。

某市政工程的施工现场组织一次急救演练，内容如下：炎炎夏日，现场工人不堪高温，有中暑晕倒现象，而且有工人不小心踩到裸露电线，触电倒地、昏迷，情况十分危险。

1. 实训目的

通过本次实训任务，能熟悉现场突发紧急事件的急救处理方法。

2. 实训内容及实训步骤

实训日期：____________________ 实训成绩：____________________

班　　级：____________________ 小组成员：____________________

在观看视频（码 12-8）后进行演练实训。

码12-8 急救应用

实训 1 现场演练止血急救。

步骤 1：材料准备：绷带（或手帕、毛巾）、创可贴、红色墨水、纱布、止血带（粗绳或橡皮筋）等。

步骤 2：一位同学饰演伤员，用红色墨水涂在小臂上，其他同学进行止血操作。

步骤 3：按视频演示进行实训操作。

实训 2 演练骨折急救。

步骤 1：材料准备：硬木板、绷带、棉布等。

步骤 2：按视频演示进行实训操作。

实训 3 触电应急抢救（心肺复苏急救）。

步骤 1：发现有人触电，事故现场人员立即关掉电闸或拔掉插头，尽快用绝缘材料（如干燥的木棍、橡胶棒等）使触电者脱离电源，并打电话通知安全负责人。

步骤 2：立即拨打 120 急救电话，并把伤者放在坚硬地面躺平。

步骤 3：将伤者头部仰起，使下颌角与耳垂连线垂直地面，打开气道确保呼吸无阻。

步骤 4：心肺复苏。（1）一位同学饰演伤员，一位同学饰演事故发现者，拨电话呼救 120，上报负责人等；（2）拍打伤员肩部并大声呼叫观察伤员有无应答；（3）其他同学为伤员实施心肺复苏。

实训 4 中暑应急抢救。

步骤 1：材料准备：温度计、毛巾、水、风油精、淡糖盐水。

步骤 2：把中暑人员转移到阴凉处，为其扇风散热。

步骤 3：用体温计测量伤者温度，高于 37℃为发热。

步骤4：用湿毛巾为其冷敷颈部、腋窝、大腿根部、腹股沟等处为其降温。

步骤5：将风油精擦在额头或太阳穴处帮助降温，用大拇指按压人中、合谷穴部位，帮助其苏醒。

步骤6：苏醒后，喝淡盐水补充水分。

3. 实训考评

成绩考核表

序号	考核内容	所占分值	自评评分	小组评分	教师评分
1	是否按要求完成了实训内容	20			
2	是否掌握触电事故急救措施	15			
3	是否掌握心肺复苏操作	15			
4	是否掌握止血操作	10			
5	是否掌握骨折急救操作	10			
6	实训态度	10			
7	团队合作	10			
8	拓展知识	10			
小计		100			
总评（取小计平均分）					

任务5　疫　情　防　控

2020年，突如其来的新冠肺炎疫情席卷全球，学校停学，工厂停工。疫情的管控重点在于疫情发生前的防，疫情发生后的控。疫情得到控制后，为尽快恢复经济，企业复工复产成为重点。

1. 实训目的

通过本实训任务，学生能掌握疫情期间自我防护要点，掌握复工防控措施，并能编制安全保障方案。

2. 实训内容及实训步骤

实训日期：＿＿＿＿＿＿＿＿　　实训成绩：＿＿＿＿＿＿＿＿

班　　级：＿＿＿＿＿＿＿＿　　小组成员：＿＿＿＿＿＿＿＿

实训1　疫情期间，企业复工演练。

步骤1：学习视频（码12-9），提前对员工进行疫情防控宣传。

步骤2：材料准备：口罩，测温枪，消毒喷壶，消毒液，洗手凝胶，防护服，防护镜，一次性手套。

步骤3：负责测体温的同学穿好防护服，戴好防护镜、手套，在门口等待员工进入。

码12-9　企业复工疫情防控措施

步骤4：准备进入工区的员工在门口排队，戴好口罩，并保持1m间隔。

步骤5：工作人员对员工进行体温测量，随后登记，并用洗手凝胶为进入工地的员工洗手消毒。

步骤 6：对携带行李的员工，工作人员为行李喷洒消毒液。

步骤 7：食堂就餐时，排队间隔 1m，一人一餐盒。

步骤 8：取好餐后，每人一个餐桌，冲着一个方向就座用餐，餐厅窗户保持通风。

实训 2 疫情日常检查，填写疫情防控检查表（表 12-6）。

疫情防控检查表 **表 12-6**

序号	检查内容	评价结果	
		符合	不符合
1	防疫应急预案及实施方案编审已完成，且适合项目实际		
2	防疫物品（口罩、消毒液、一次性手套、测温仪）满足现场所有人员 14 天使用量，且后续供应能持续保障		
3	现场设立相对独立的防疫隔离房，数量满足防疫要求（按照 100 个工人 1 间左右准备）		
4	返程人员登记及教育培训（采取电子屏、扫二维码等方式）全覆盖，尽管体温状况正常，也要隔离至少 14 天，确保工地防疫安全		
5	施工现场生活区、办公区的围挡和围墙必须严密牢固，门禁系统完好，暂停不需要的出入口，及时关闭上锁，现场全部实施封闭管理。市政、道路等线性工程对拌合站、办公区进行封闭，外部租房按照属地社区要求管理		
6	施工现场的生活区、办公区、施工点应配备足够的安保人员，实施 24 小时巡逻制，每日对所有进出施工现场的生活区、办公区的人员实行严格的体温检测登记管理，做到全覆盖，零遗漏，非本项目人员严禁进入		
7	设置专职卫生员每天对生活区和办公区的宿舍、办公室、厕所、盥洗区域、食堂、会议室、文体活动室等重点区域，进行不少于两次的消毒。生活垃圾存放在封闭式的容器中，及时清理，建筑垃圾应分别运输和消纳		
8	项目主要通道口、醒目处张贴疫情防治宣传图牌，所有人员严格执行戴口罩的上岗作业，勤洗手、勤消毒，做好自我防护工作		
9	配备充足的专职人员，对新进场的人员实施 14 天的监督性医学观察，并做好过程记录。在监督性医学观察期间没有特殊情况，观察人员不得擅自离开施工现场生活区和办公区域		
10	安排专人关注政府有关部门发布的疫情动态，应用现场电子屏、条幅、标语、二维码等形式进行疫情防控的宣传，引导全员有效预防		
11	食堂管理符合防疫管理和安全管理要求，防疫条件及餐具消毒到位，采取分餐打包回宿舍单独就餐或在食堂就餐		
12	合理安排员工作息，实施封闭式管理并符合安全管理要求，非紧急事项一律延迟办理，按劳务班组分工要求，按规定分散作业、实行小单元施工作业。各类大、中、小型机械设备必须在消毒后使用		
13	按照地方行政主管部门复工要求逐一落实到位，通过复工申请		
结果统计	符合　　项；不符合　　项		

3. 实训考评

成绩考核表

序号	考核内容	所占分值	自评评分	小组评分	教师评分
1	是否按要求完成了实训内容	20			
2	是否掌握疫情防控个人要点	10			
3	是否进行复工复产操作演练	20			
4	是否掌握疫情防控检查要求	20			
5	实训态度	10			
6	团队合作	10			
7	拓展知识	10			
小计		100			
总评（取小计平均分）					

项目 13　施工现场安全资料管理

1. 概念

施工现场安全资料是指建筑工程各参建单位在工程建设过程中所形成的有关安全、绿色施工的各种形式的信息记录，包括施工现场安全生产和绿色施工等资料，简称安全资料。施工安全工作除了实质性的安全措施外，收集、编制、整理施工安全资料也是施工安全的重要工作内容。安全生产管理资料是施工安全管理活动的真实记录，贯穿整个项目施工过程，是总结安全生产经验和教训的主要依据，也是考核工程参建单位安全生产目标管理和安全责任的重要载体，是施工安全标准化的重要组成部分。

本项目主要是指施工单位的安全生产资料。

2. 实训技能

（1）熟悉安全生产资料的主要内容

（2）编制、收集、整理安全生产资料

（3）收集安全管理人员、特种作业人员的信息

（4）掌握企业办理《安全生产许可证》流程

3. 案例

某城市地铁 10 号线一期工程土建施工第×合同段，共 2 站 3 区间。本标段投资额约 35732 万元，区间总长度：2786.5m，车站基坑深度 22.3m，隧道断面面积约 30.2m^2。承包范围包括以上工程的土建工程，具体内容详见工程量清单及图纸。合同工期 2017 年 1 月 1 日～2020 年 2 月 28 日。

其中区间隧道工程采用盾构法施工，项目部管理人员有 45 人，盾构掘进劳务分包队伍 78 人，包含电工 2 人、焊工 4 人、龙门吊操作手 4 人、司索工 3 人、普工 6 人、信号指挥工 2 人、文明施工人员 5 人。

（1）成立专门安全管理部门

根据《市政工程施工安全检查标准》CJJ/T 275—2018 的 3.1.2 条第 3 项：

人员配备应符合下列规定：

1）项目经理部应组建项目安全生产领导小组或项目安全专职管理机构；

2）施工企业应与项目经理部管理人员签订劳动合同，并为其办理相关保险；

3）项目经理部应按规定配备专职安全生产管理人员；

4）项目经理和专职安全生产管理人员应取得安全生产考核合格证书；

5）特种作业人员应取得特种作业操作证。

（2）加强施工现场安全资料管理

1）施工单位现场负责人应负责本单位施工现场安全资料的全过程管理工作。施工过程中施工现场安全资料的收集、整理工作应按专业分工，由专人负责。

2）参建单位安全资料应跟随施工生产进度形成和积累，纳入工程建设管理的全过程，并对资料的真实性、完整性和有效性负责。

3）各参建单位应负责安全资料的收集、整理、组卷归档，并保存至工程竣工。

4）安全生产管理资料和记录的填写与制作应当符合以下条件：

① 真实完整，字迹清楚，签章规范，不得随意涂改，并具有一致性和可追溯性；

② 随工程施工同步形成，分类归集保管，直至工程竣工交付后处理或归档；

③ 采用信息化管理技术。

(3) 依据当地建筑工程施工安全资料管理规程，首先进行了文件的预立卷（图 13-1）。

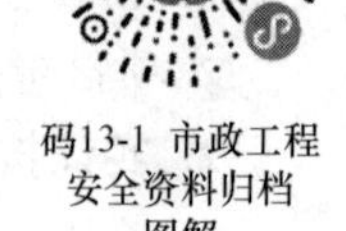

码13-1 市政工程安全资料归档图解

图 13-1　安全生产资料管理归档实例图

任务 1　施工现场人员资料管理

1. 实训目的

掌握安全管理人员配置原则；熟悉特种作业人员的组成；会收集、登记、留存安全管理人员、特种作业人员的信息及其证件资料。

2. 实训内容及实训步骤

实训日期：__________________　实训成绩：__________________

班　　级：__________________　小组成员：__________________

实训 1　假如你是项目部安全监理工程师，在开工前条件验收中，项目部安全生产管理体系配置有 1 名专职安全员，并配置有 2 名安全协管员（兼职），你认为能否通过本次开工条件验收，并说明原因。

步骤：按照《施工企业安全生产管理规范》GB 50656—2011 规定：该项目投资额 35732 万元，依据表 13-1，配置一定数量的专职安全管理人员。

总包单位专职安全生产管理人员配置标准　　表 13-1

工程类别	配备范围	配备标准
建筑工程、装饰工程按建筑面积配置	1万 m^2 以下	不少于1人
	1万～5万 m^2	不少于2人
	5万 m^2 以上	不少于3人，且按专业配备专职安全生产管理人员
土木工程、线路工程、设备安装工程按合同价配备	5000万元以下	不少于1人
	5000万～1亿元	不少于2人
	1亿元以上	不少于3人，且按专业配备专职安全生产管理人员

实训2 你作为一名项目经理，在劳务分包合同中约定劳务分包单位须配置满足施工要求的专职安全管理人员，请列出本项目劳务分包队伍安全管理配置，并说明配备标准（请小组讨论完成）。

步骤：按照《施工企业安全生产管理规范》GB 50656—2011，根据分包单位施工人员78人，依据表13-2，配置专职安全管理人员。

分包单位专职安全生产管理人员配置标准　　表 13-2

分包类别	配备范围	配备标准
专业承包单位	—	应当配置至少1人，并根据所承担分布分项工程的工程量和施工危险程度增加
劳务分包单位	施工人员在50人以下	不少于1人
	施工人员在50～200人	不少于2人
	施工人员在200人以上	应当配置至少3人，并根据所承担分布分项工程的工程量和施工危险程度增加，不得少于工程施工人员的5‰

实训3 根据规定：特种作业人员应包括：(1) 电工；(2) 金属焊接、切割作业人员；(3) 起重司索工、起重信号指挥工、起重机械司机、起重机械安装与维修工；(4) 架子工；(5) 高处作业吊篮安装拆卸工；(6) 锅炉司炉；(7) 压力容器操作人员；(8) 电梯司机；(9) 场（厂）专用机动车司机；(10) 制冷与空调作业人员；(11) 从事爆破作业的爆破员、安全员、保管员；(12) 瓦斯监测员；(13) 工程船舶船员；(14) 潜水员；(15) 国家有关部门认定的其他作业人员。请根据本项目案例，填写该项目特种作业人员台账（表13-3）。

特种作业人员台账　　表 13-3

特种作业人员登记表							编号	
工程名称：					施工单位（租赁单位）：			
序号	姓名	性别	身份证号	工种	证件编号	发证机关	有效期	进退场时间

3. 实训考评

实训成绩考核表

序号	考核内容	所占分值	自评评分	小组评分	教师评分
1	是否按要求完成了实训内容	20			
2	是准确掌握安全管理人员配置，特种作业人员范围	25			
3	是否能进行安全管理人员信息的收集与整理	25			
4	实训态度	10			
5	团队合作	10			
6	拓展知识	10			
小计		100			
总评（取小计平均分）					

任务2 如何获取建筑施工管理人员《安全生产考核合格证书》

1. 实训目的

熟悉《安全生产考核合格证书》（C证）考核知识点。

2. 实训内容及实训步骤

实训日期：____________ 实训成绩：____________

班　　级：____________ 姓　　名：____________

实训 根据规定：建筑施工企业（包括劳务分包企业）主要负责人（包括企业法定代表人、经理、企业分管安全生产工作的副经理等）、项目负责人、专职安全生产管理人员必须经建设行政主管部门考核合格，取得《安全生产考核合格证书》后，方可担任相应职务。建筑施工企业管理人员取得安全生产考核合格证书后，应当严格遵守安全生产法律法规，认真履行安全生产管理职责，接受企业年度安全生产教育培训和建设行政主管部门及安监机构的监督检查。模拟实训专职安全员通过以下步骤可获取《安全生产考核合格证书》（C证）。

步骤1：核实资格条件。

（1）职业道德良好，身体健康，年龄不超过60周岁（法定代表人除外）。

（2）建筑施工企业的在职人员。

（3）学历和职称：①建筑施工企业主要负责人应为大专以上学历，具有中级以上职称（法定代表人除外）；②项目负责人应为中专（含高中、中技、职高）以上学历，具有初级及以上职称；③建筑施工企业专职安全生产管理人员应为中专（含高中、中技、职高）以上学历，或具有五年以上安全管理工作经历。

（4）经企业年度安全生产教育培训考核合格。

（5）项目负责人和专职安全生产管理人员不得在两个以上（含两个）单位

任职。

步骤 2：登录 rcgz. mohurd. gov. cn 或当地相关部门网站报名。例如 http：//zjt. shanxi. gov. cn/slry/Login. aspx。

步骤 3：到指定培训部门培训学习。

步骤 4：模拟考试。

3. 实训考评

实训成绩考核表

序号	考核内容	所占分值	自评评分	小组评分	教师评分
1	是否按要求完成了实训内容	30			
2	是否熟悉安全生产考核知识点	25			
3	实训态度	25			
4	团队合作	10			
5	拓展知识	10			
小计		100			
总评（取小计平均分）					

任务 3　施工现场安全资料填写

关于安全生产资料表格，每个地方都有具体要求与规定，但多数内容相似。资料填写需执行当地地方现行标准。例如北京市《建设工程施工现场安全资料管理规程》DB 11/383—2017。

1. 实训目的

熟悉施工现场安全资料内容；会填写施工现场安全资料。

2. 实训内容及实训步骤

实训日期：________________　　实训成绩：________________

班　　级：________________　　小组成员：________________

实训 1　施工现场安全资料按建设单位、监理单位、施工单位进行分类。根据北京市的《建设工程施工现场安全资料管理规程》DB 11/383—2017，建设单位施工现场安全资料编号为 AQ-A 类，监理单位施工现场安全资料编号为 AQ-B 类，施工单位施工现场安全资料编号为 AQ-C 类。

要求：参考安全资料汇总（码 13-2），用 Word 或 Excel 制作一份施工现场安全资料汇总表。

码13-2 安全资料汇总

实训 2　以小组为单位，填写部分施工单位资料（AQ-C 类）。

步骤 1：首先教师根据施工现场安全资料表格（《建设工程施工现场安全资料管理规程》DB 11/383—2017）选定部分表格，分组进行，建议每组所用表格不同，全班能做一套完整的资料。

步骤 2：以小组为单位按照分配的任务，用 Word 或 Excel 制作电子版表格，打印填写。

3. 实训考评

实训成绩考核表

序号	考核内容	所占分值	自评评分	小组评分	教师评分
1	是否按要求完成了实训内容	20			
2	是否掌握安全管理资料的内容	25			
3	能否进行安全资料的收集与整理	25			
4	实训态度	10			
5	团队合作	10			
6	拓展知识	10			
小计		100			
总评（取小计平均分）					

任务 4　办理《安全生产许可证》

1. 实训目的

熟悉办理安全生产许可证流程，对安全生产资料进行统计、收集、整理。

2. 实训内容及实训步骤

实训日期：____________　　实训成绩：____________

班　　级：____________　　小组成员：____________

实训　建筑施工企业进行建筑施工活动前，必须取得安全生产许可证。要求你为企业办理安全生产许可证。

要求：以小组为单位完成，组长负责分工，最终汇总成果后制作总目录，提交最终成果（建议完成时间为一周）。

步骤 1：登录住房和城乡建设部网站（www. mohurd. gov. cn）下载《建筑施工企业安全生产许可证申请表》。认真阅读，仔细填写。

步骤 2：企业法人营业执照（复印件）。

步骤 3：安全生产管理制度：安全生产责任制和安全生产规章制度文件及操作规程目录。

（1）准备安全生产责任制文件

① 企业各级人员安全生产责任制：法定代表人、经理、安全生产副经理、总工程师、总会计师、项目经理、工长、技术员、工程质检员、安全员、班组长等。

② 企业各职能部门安全生产责任制：生产计划部门、技术质量部门、安全部门、设备部门、劳动部门、教育部门、保卫消防部门、材料部门、财务部门、行政卫生部门等。

（2）准备安全生产规章制度文件。

① 安全生产教育和培训制度。

② 安全检查制度。

③ 安全生产事故报告及处理制度等。

（3）操作规程：本企业施工主要工种的《安全生产操作规程》目录。

步骤4：填写安全生产投入的证明文件（包括企业保证安全生产投入的管理办法或规章制度、年度安全资金投入计划及实施情况）。

步骤5：设置安全生产管理机构和配备专职安全生产管理人员的文件（包括企业设置安全管理机构的文件、安全管理机构的工作职责、安全机构负责人的任命文件、安全管理机构组成人员明细表）。

步骤6：主要负责人、项目负责人、专职安全生产管理人员安全生产考核合格名单及证书（复印件）。

步骤7：本企业特种作业人员名单及操作资格证书（复印件）。

步骤8：安全培训及考核：本企业管理人员和作业人员的年度安全培训计划，并将本年度安全考核情况填入本企业管理人员和作业人员考核情况汇总表。

步骤9：工伤保险、工程意外伤害保险：提供本企业人员（含合同工、临时工）的××市企业缴纳工伤保险协议书、工程意外伤害保险凭证的复印件。

步骤10：施工起重机械设备检测合格证明；本企业自有塔式起重机检测的汇总表。

步骤11：职业病危害防治措施。措施主要包括：

（1）作业场所防护措施。

（2）个人防护措施。

（3）安全检查措施（针对本企业施工特点，对可能导致的职业病制定相应的防治措施。例如由防水作业和地下管道有毒气体作业引起的职业中毒，水泥粉尘在封闭环境及电焊作业引起的尘肺等）。

步骤12：重大危险源控制措施：根据本企业特点详细列出危险性较大分部分项工程及施工现场易发生重大事故的部位、环节的预防监控措施。

步骤13：生产安全事故应急救援预案：提供公司级的应急救援预案。预案包括：应急救援组织机构与职责；突发事故的报告与应急救援的启动程序；应急救援组织人员名单；救援的器材、设备等。

3. 实训考评

实训成绩考核表

序号	考核内容	所占分值	自评评分	小组评分	教师评分
1	是否按要求完成了实训内容	20			
2	是否熟悉安全生产许可证的办理流程	25			
3	是否能收集与梳理安全资料	25			
4	实训态度	10			
5	团队合作	10			
6	拓展知识	10			
小计		100			
总评（取小计平均分）					

项目14　安全生产费用管理

1. 概念

安全生产专项费用是企业按照规定标准提取，在成本中列支，专门用于完善和改进企业或者项目安全生产条件的资金。

2. 一般规定

（1）安全生产专项费用管理应坚持“规范计取，合理计划，计量支付，确保投入”的原则，并按照有关规定、行业标准以及合同约定确定提取标准。

（2）安全生产专项费用根据国家及当地有关规定计取，且不作为竞争性报价。建设单位在编制工程招标文件时，应明确安全生产专项费用的总金额或比例、预付金额或比例、计量支付方式与时限、具体使用要求、调整方式等条款。安全生产费用不足时，应协商解决。

3. 实训技能

（1）掌握编制安全生产专项费用使用计划；

（2）按照工程进度或按月建立安全资金使用情况记录表；

（3）收集安全生产费明细及出入库台账，整理计量支付凭证资料；

（4）编制安全防护、文明措施费用支付申请表；

（5）建立安全资金使用台账。

4. 案例

（1）施工单位应制定安全生产资金保障制度，以红头文件签发（图14-1）。

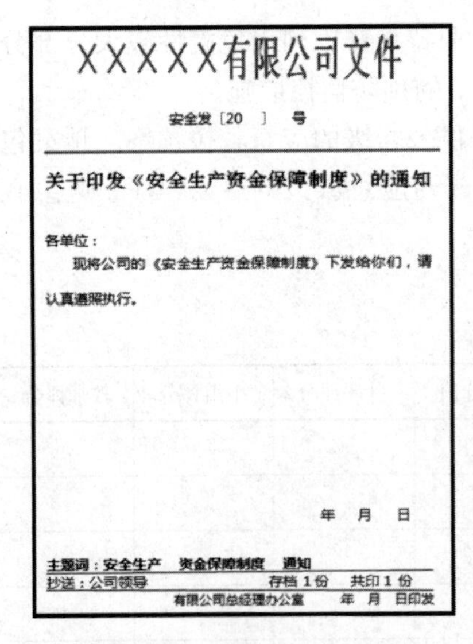

XXXXX有限公司文件

安全发〔20　〕　号

关于印发《安全生产资金保障制度》的通知

各单位：

现将公司的《安全生产资金保障制度》下发给你们，请认真遵照执行。

年　月　日

主题词：安全生产　资金保障制度　通知

抄送：公司领导　　存档1份　共印1份

有限公司总经理办公室　年　月　日印发

图14-1　安全生产资金保障制度红头文件

（2）某工程项目开工前，项目部需要编制工程安全生产措施费使用计划，一般由安全管理部门负责。

（3）依据安全生产措施费使用计划，申请第一笔安全生产费用，项目部必须做到专款专用，有效投入安全生产中。安全部负责做好安全生产设施出入的登记台账，并负责收集相关费用购置、支出凭证。

（4）项目部根据施工合同明确的安全生产措施费支付原则，一般按照工程进度或按月安全资金使用情况进行申请支付。安全生产措施费用单独列项申请，计量与支付应以现场计量为主，原则上以当月安全措施投入费用为计提依据。

（5）申请计量支付时，应由施工单位制定计量报表、计价清单，并附有安全生产专项费用投入使用佐证材料（现场实物照片、出入库台账、购置、支出发票等）。监理单位负责审查相关资料，上报建设单位核准后进行支付。

任务1 施工现场安全生产费用投入

1. 实训目的

编制安全生产费用投入计划表。

2. 实训内容及实训步骤

实训日期：________________ 实训成绩：________________

班　　级：________________ 小组成员：________________

实训1 项目部准备举办元旦晚会，项目经理指派办公室置办晚会所需用品，需要提前申请购置费用，你该如何处理？

步骤1：与其他小组，如设备组（租音箱、布置教室）、节目组（租衣服、化妆）、办公室（食物、日杂）沟通他们需要的物品及具体数量。

步骤2：根据清单，询价，汇总金额，完成费用计划（表14-1）。

费用计划　　表14-1

部门	项目	数量	单价	金额
设备组	租音箱	1套		
	话筒	5支		
	气球	100只		
	拉花（10m长）	4条		
	……	……	……	……
合计				

实训2 作为一名安全员，根据施工现场安全生产投入人力、物资、机械情况，编制工程安全生产投入费用计划。

步骤1：项目部进场后，安全部门依据施工组织计划、施工进度，按工区列出安全用品使用清单，见表14-2。

步骤2：将表14-2汇总统计后，形成安全生产费用投入计划表（表14-3），并上报项目部。

各工区安全用品使用清单　　表14-2

部位	序号	项目	内容	单位	数量	单价	金额
施工区	1	个人安全防护用品、用具	安全帽、安全绳、安全带、手套、绝缘鞋、绝缘手套、雨鞋、劳保工作服、口罩、防毒面具、防护镜、防护药膏、防护用品等				
	2	临边、洞口安全防护设施	泥浆池周边设置的防护围挡、隔离栅、路线交叉施工中设置的移动式防护围栏、活动式警戒隔离栏、水泥墩钢管防护栏、钢丝网围挡、水马隔离墩、警式隔离绳、管线基坑施工现场的彩钢封闭围挡、张拉设备施工现场的钢板式围挡、临时用电设施周边防护围挡				

续表

部位	序号	项目	内容	单位	数量	单价	金额
施工区	3	临时用电安全防护	施工现场供配电及临时用电等高压、低压供电线路、变压器、配电箱周边的安全防护设施，如避雷针、接地保护、触电保护装置				
	4	脚手架安全防护	钢丝密目网、防坠安全网、普通落石阻拦网、加强型阻拦网				
	5	机械设备安全防护设施	……				
	6	消防设施、器材	消防水泵、消火栓、灭火器、灭火弹、消防桶、消防砂、消防锹				
	7	其他安全专项活动费用					
		小计					
生活区	1	……					
	2	……					

安全生产费用投入计划表 **表 14-3**

项目名称								
序号	项目	计划投入时间： 月份 费用单位： 元						合计
		1	2	3	……	11	12	
1	个人安全防护用品、用具							
2	临边、洞口安全防护设施							
3	临时用电安全防护							
4	脚手架安全防护							
5	机械设备安全防护设施							
6	消防设施、器材							
7	施工现场文明施工措施费							
8	安全教育培训费用							
9	安全标志、标语等标牌费用							
10	安全评优费用							
11	专家论证费用							
12	与现场安全隐患整改等有关的费用支出							
13	季节性安全费用							
14	施工现场急救器材及药品							
15	职业健康管理有关费用							
16	其他安全专项活动费用							
	合计							

编制人		审核人		编制日期	

3. 实训考评

实训成绩考核表

序号	考核内容	所占分值	自评评分	小组评分	教师评分
1	是否按要求完成了实训内容	35			
2	是否准确掌握编制工程安全生产投入费用计划	35			
3	实训态度	10			
4	团队合作	10			
5	拓展知识	10			
小计		100			
总评（取小计平均分）					

任务2 安全生产费计量支付

1. 实训目的

登记安全设施出入库台账，整理、收集安全生产投入的佐证材料，申请安全生产专项费用计量。

2. 实训内容及实训步骤

实训日期：____________________ 实训成绩：____________________

班　　级：____________________ 小组成员：____________________

实训 申请安全生产专项费用计量，并填写月度安全资金使用情况登记表。

步骤1：按表14-4，制作电子表，并填写完整。

安全防护、文明施工措施费用支付申请表　　　　**表14-4**

工程名称		在施部位	

致____________________：（项目监理部）

我方已落实了安全防护、文明施工措施。按施工合同规定，建设单位在____年____月____日前支付该项费用，共计

（大写）

（小写）

现报上安全防护、文明施工措施项目落实清单，请予以审查并开具费用支付证书。

附件：

安全防护、文明施工措施项目落实清单。

项目经理部（盖章）：　　　　项目经理（签字）：

年　月　日

步骤2：填写安全防护、文明施工措施项目落实清单（表14-5），安全生产费用期中支付证书（表14-6）。

步骤3：准备安全生产专项费用投入使用的佐证材料，需要打印现场实物照片、出入库台账、支出发票（扫描件）等。

表 14-5

安全防护、文明施工措施项目落实清单

施工单位：××市政建设集团有限公司　　　　合同段号：

监理单位：××监理公司　　　　编　　号：

序号	支付项目	细目名称	单位	数量	单价	金额	入账凭证（名称、票号）	备注
1	个人安全防护用品、用具	安全帽	个	50			×××公司 00805844 00805843	
		安全绳	条	30				
		安全带	条	30				
		手套	副	30				
		劳保工作服	件	30				
		防护镜	副	30				
		绝缘鞋	双	30				
	本页小计							
2	临边、洞口安全防护设施							
	本页小计							
	本页小计							

安全生产费用期中支付证书

表 14-6

施工单位：××市政建设集团有限公司　　合同段号：

监理单位：××监理公司　　编　　号：

项目号	项目名称	总体计划（元）	申报金额（元）	监理核定金额（元）	业主核定金额（元）	上期末累计批复金额（元）	本期末累计批复金额（元）	累计完成比例（%）
1	个人安全防护用品、用具							
2	临边、洞口安全防护设施							
3	临时用电安全防护							
4	脚手架安全防护							
5	机械设备安全防护设施							
6	消防设施、器材							
7	安全教育培训费用							
8	安全标志、标语等标牌费用							
9	安全评优费用							
10	专家论证费用							
11	与现场安全隐患整改等有关的费用支出							
12	季节性安全费用							
13	施工现场急救器材及药品							
14	职业健康管理有关费用							
15	其他安全专项活动费用							
合计								

监理工程师：　　项目经理：

步骤4：上述内容准备完整后，编制目录，将所有内容汇总装订，完成安全生产费用支付申请工作。

步骤5：填写月度安全资金使用情况记录表（表14-7）。

月度安全资金使用情况记录表 **表14-7**

序号	费用名称	用途	金额	本月用量	合计金额	备注

项目经理： 安全负责人： 年 月 日

3. 实训考评

实训成绩考核表

序号	考核内容	所占分值	自评评分	小组评分	教师评分
1	是否按要求完成了实训内容	35			
2	是否会编制工程安全生产费用支付表	35			
3	实训态度	10			
4	团队合作	10			
5	拓展知识	10			
小计		100			
总评（取小计平均分）					

项目 15　有限空间安全作业

1. 概念

有限空间是指封闭或部分封闭、进出口较为狭窄有限、未被设计为固定工作场所、自然通风不良、易造成有毒有害、易燃易爆物质积聚或氧含量不足的空间。在市政工程中常指地下有限空间，如地下管道、地下室、地下仓库、地下工程、暗沟、隧道、涵洞、地坑、废井、地窖、污水池（井）、沼气池、化粪池、下水道等。

有限空间作业是指作业人员进入有限空间实施的作业活动（图 15-1）。作业内容包括施工、维修、保养、清理等。

图 15-1　有限空间作业

2. 有限空间作业危害及成因

（1）危害（见图 15-2）

1）窒息（缺氧）：二氧化碳、氮气、氩气、甲烷和水蒸气等。

2）中毒：硫化氢、一氧化碳、苯、甲苯、二甲苯等。

3）爆燃/爆炸：甲烷、氢气、挥发性有机化合物、可燃性粉尘。

4）其他危害，如中暑、淹溺、高处坠落、物体打击、机械伤害、触电、噪声、粉尘等。

（2）成因（见图 15-2）

3. 安全作业一般规定

（1）作业必须履行审批手续。

（2）作业前必须进行危险有害因素辨识，并将危险有害因素、防控措施和应急措施告知作业人员。

（3）必须采取通风措施、保持空气流通。

（4）必须对有限空间的氧浓度、有毒有害气体（如一氧化碳、硫化氢等）浓

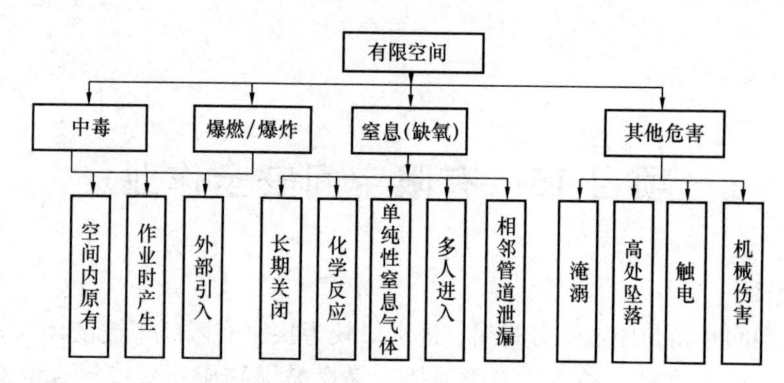

图 15-2　有限空间作业危害及成因

度等进行检测，检测结果合格后，方可作业。

(5) 作业现场必须配备呼吸器、通信器材、安全绳索等防护设施和应急装备。

(6) 作业现场必须配备监护人员。

(7) 作业现场必须设置安全警示标志，保持出入口畅通。

(8) 严禁在事故发生后盲目施救。

4. 实训技能

(1) 熟悉有限空间安全检查内容；

(2) 掌握有限空间安全措施；

(3) 了解有限空间作业基本要求；

(4) 熟悉有限空间作业主要危害。

5. 案例

典型有限空间一氧化碳中毒事故：2010 年 6 月 2 日上午 9 时许，××水务局施工总队 3 名作业人员在××污水管线 20 号污水井进行通堵作业时，由于抽水管长度不够，将汽油泵放置井下（井深 7m）用于抽水，在抽完部分积水后，3 名作业人员下到井下实施疏通作业，2 人先后晕倒，1 人在下井过程中感觉状态不好爬出井外。晕倒 2 人经抢救无效死亡。经判定，该起事故为汽油泵使用过程中，在井下产生大量一氧化碳，致使作业人员中毒。

任务　有限空间安全检查

1. 实训目的

能对有限空间安全检查；能采取正确安全措施进行有限空间安全工作。

2. 实训内容及实训步骤

实训日期：＿＿＿＿＿＿＿＿　　实训成绩：＿＿＿＿＿＿＿＿

班　　级：＿＿＿＿＿＿＿＿　　小组成员：＿＿＿＿＿＿＿＿

实训　根据视频，列出在有限空间工作前都做的准备工作（图 15-3，码 15-1）。

步骤 1：安全隔绝。

(1) 与受限空间连通的可能危及安全作业的管道应采用插入盲板或拆除一段

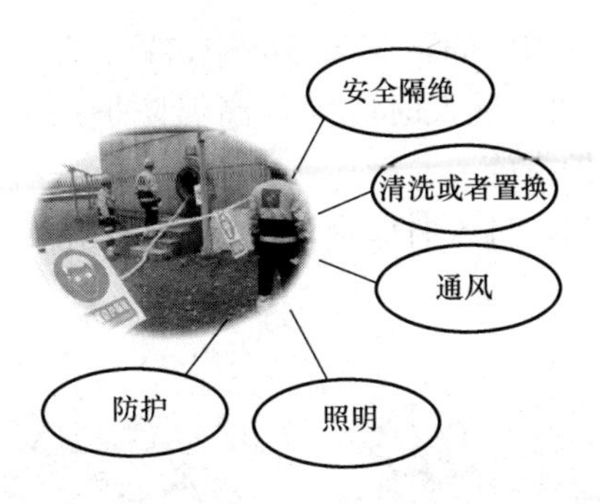

图 15-3 有限空间安全措施示意图

码15-1 市政工程有限空间安全作业

管道进行隔绝。

（2）与受限空间连通可能危及安全作业的孔、洞应进行严密地封堵。

（3）受限空间内的用电设备应停止运行并有效切断电源，在电源开关处上锁并加挂警示牌。

步骤 2：清洗或者置换。

（1）作业前，应根据受限空间盛装（过）的物料特性，对受限空间进行清洗或置换，并达到如下要求：①氧含量为 18%～21%；②在富氧环境下不应大于 23.5%。

（2）有毒气体（物质）浓度应符合《工作场所有害因素职业接触限值　第 1 部分：化学有害因素》GBZ2.1—2019 的规定。

（3）可燃气体浓度要求满足动火分析合格标准的规定。

步骤 3：通风。

（1）打开人孔、手孔、料孔、风门、烟门等与大气相通的设施进行自然通风。

（2）必要时，采用风机强制通风或管道送风管道送风前应对管道内介质和风源进行分析确认。

步骤 4：照明及用电安全。

（1）受限空间安全电压应小于或等于 36V，在潮湿容器、狭小容器内作业电压小于或等于 12V。

（2）在潮湿容器中，作业人员应站在绝缘板上，同时保证金属容器接地可靠。

步骤 5：防护措施（图 15-4）。

（1）缺氧或有毒的受限空间经清洗或置换仍达不到要求的，应佩戴隔绝式呼吸器，必要时应栓带救生绳。

（2）易燃易爆的受限空间经清洗或置换仍达不到要求的，应穿防静电工作服及防静电工作鞋，使用防爆型低压灯具及防爆工具。

（3）酸碱等腐蚀性介质的受限空间，应穿戴防酸碱防护服、防护鞋、防护手套等。

（4）有噪声产生的受限空间，应佩戴耳塞或耳罩等防噪声护具。

（5）有粉尘产生的受限空间，应佩戴防尘口罩、眼罩等防尘护具。

（6）高温的受限空间，进入时应穿戴高温防护用品，必要时采取通风、隔热、佩戴通信设备等防护措施。

（7）低温的受限空间，进入时应穿戴低温防护用品，必要时采取供暖、佩戴通信设备等措施。

应急照明设备，安全绳，救生索和安全梯

全面罩正压式空气呼吸器

应急通信报警器材

大功率强制通风设备

现场快速检测设备

图 15-4　防护设备

3. 实训考评

实训成绩考核表

序号	考核内容	所占分值	自评评分	小组评分	教师评分
1	是否按要求完成了实训内容	35			
2	是否掌握有限空间现场快速检测方法	35			
3	实训态度	10			
4	团队合作	10			
5	拓展知识	10			
小计		100			
总评（取小计平均分）					

项目 16　安全智慧化管理

1. 体验式安全培训教育——安全体验馆

体验式安全培训教育是指在原有的安全教育的基础上，通过视、听、体验相结合的方式，让受训人员全方位、多角度、立体化地体验建筑施工现场存在的危险源和可能导致的生产安全事故的一种安全生产培训教育方式。有些地区专门出台了管理办法规定。

（1）施工总承包单位的项目管理人员、专业分包单位的项目管理人员、劳务分包单位的管理人员和所有在一线参与施工的作业工人（包括班组长）等项目从业人员每年应进行不少于两次体验式安全培训，每次培训时长应不少于 2 学时，新入场和转场人员应于进场后 7 日内完成体验式安全培训，可将体验式安全培训学时纳入三级安全培训教育的项目安全培训学时。

（2）体验项目至少包括：高处坠落、墙体倒塌、综合用电、移动式操作架倾倒、平衡木、临边防护、安全帽冲击、劳动防护用品穿戴、人行马道、消防演示、急救演示等。

码16-1 市政工程安全教育体验馆

（3）鼓励将运用 VR（虚拟现实）（码 16-1）等新科技手段开发更具体验效果的培训项目作为体验式安全培训的辅助项目，增强安全培训视觉效果（图 16-1）。

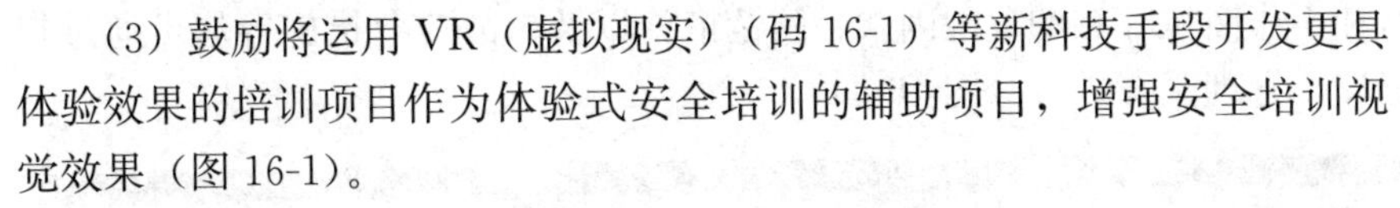

图 16-1　安全体验设施示意图

2. 实名制识别系统

施工现场大门处安装人脸识别闸机，施工人员出入采用刷卡、人脸或指纹实名制识别系统（图 16-2）。

图 16-2　人脸识别闸机示意图

3. 二维码安全管理系统

专项施工方案技术交底、安全交底、安全操作规程以及向从业人员如实告知作业场所和工作岗位存在的危险因素、防范措施以及事故应急措施等均可通过扫描二维码安全管理系统进行（图 16-3）。

图 16-3　二维码安全管理系统

4. BIM 安全管理平台

建立 BIM 安全管理平台系统。通过 BIM 技术，三维展示现场施工环境，项目管理人员能全面掌握现场施工环境信息，能合理规划施工场地，能降低因施工过程中机械之间冲突、机械给作业工人带来的碰撞伤害、机械材料停放位置不合理导致基坑边坡塌方等安全事故。自动筛选不同施工阶段、不同部位的坠落安全隐患。运用移动终端对施工现场的数据进行采集并关联到 BIM 模型，从而实现安全问题的可视化，促进安全协同管理（图 16-4）。

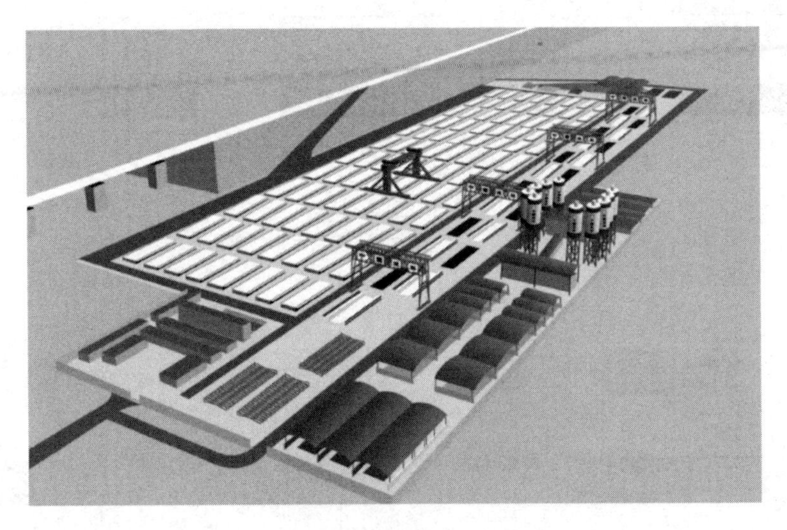

图 16-4　预制梁场示意图

5. 安全信息化智慧管理系统

该系统主要有移动互联、云服务、大数据分析、智能定位等信息技术，结合工程实际安全管理工作，提供制度方案、安全交底、安全检查、实时状况、安全措施、安全整改、大事记、安全知识、台账管理等功能模块（图 16-5）。该系统可以为管理人员提供第一手安全管理资料，实现全面安全信息动态监控。

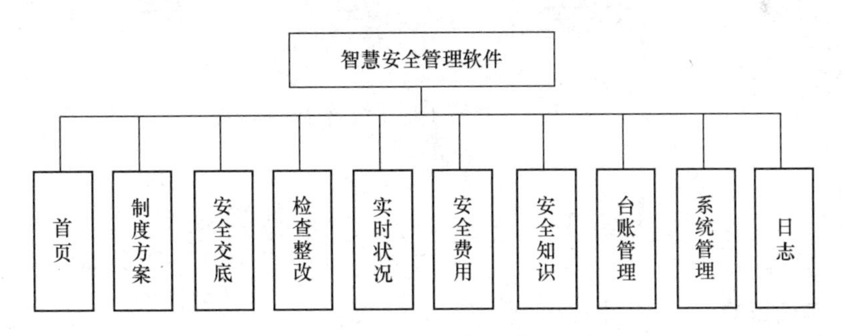

图 16-5　安全信息化智慧管理系统

6. 智慧工地

智慧工地是指运用信息化手段，通过三维设计平台对工程项目进行精确设计和施工模拟，围绕施工过程管理，建立互联协同、智能生产、科学管理的施工项目信息化生态圈，并将此数据在虚拟现实环境下与物联网采集到的工程信息进行数据挖掘分析，提供过程趋势预测及专家预案，实现工程施工可视化智能管理，实现工程管理关系人与工程施工现场的整合，以提高工程管理信息化水平，从而逐步实现绿色建造和生态建造（图 16-6）。

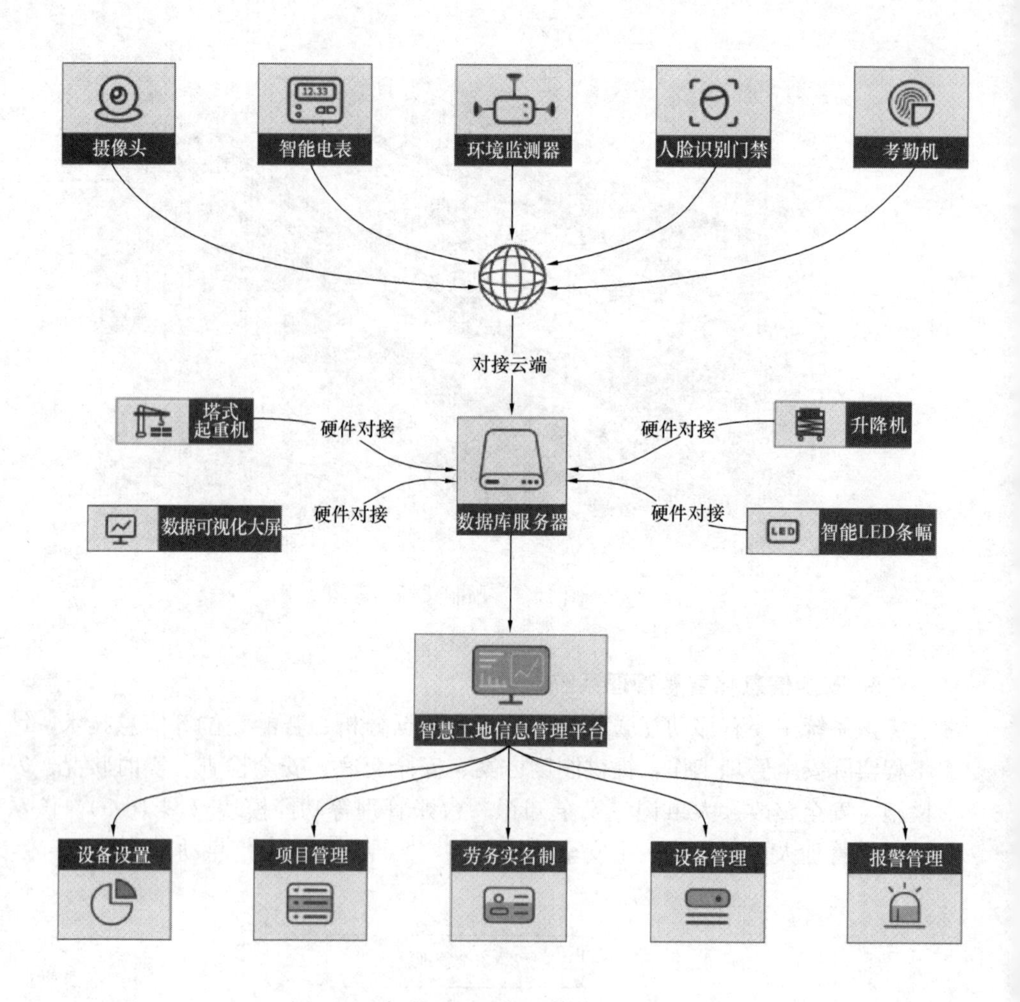

图 16-6 智慧工地系统整体架构

任务 1 安全信息二维码创建

1. 实训目的

能创建安全信息二维码。

2. 实训内容及实训步骤

实训日期：________________ 实训成绩：________________

班　　级：________________ 小组成员：________________

实训 项目安全管理人员按照"谁主管谁负责"的原则为作业人员和相关安全设施创建二维码。

要求：

(1) 二维码安全信息包括基础信息和动态信息；

(2) 二维码宜张贴在现场醒目位置，以方便检查和查阅；

(3) 具体要求：二维码中心要有公司标志；贴在安全帽上的人员信息二维码

尺寸宜为 50mm×50mm，大型设备二维码尺寸为 250mm×250mm，其他二维码为 100mm×100mm。

码16-2 部分二维码管理信息

步骤 1：从手机或电脑下载应用程序“腾讯文档”。

步骤 2：从“二维码管理信息”（码 16-2）中附件一的“从业人员和安全设施清单”中挑选制作“项目管理人员”二维码。

步骤 3：从“二维码管理信息”（码 16-2）中附件二的“从业人员和安全相关设施二维码安全信息”中，找到项目管理人员安全信息表，如表 16-1 所示。

项目管理人员安全信息表 **表 16-1**

姓 名		单 位	
性 别		职 务	
籍 贯		血 型	
入场日期		工作卡编号	
教育培训日期		学 时	
教育培训日期		学 时	
教育培训日期		学 时	
退场日期		备 注	
岗位安全生产责任制：			

步骤 4：将上表信息完善后形成电子版。

步骤 5：用腾讯文档打开后“分享”—“生成二维码”，即可形成二维码信息。

3. 实训考评

实训成绩考核表

序号	考核内容	所占分值	自评评分	小组评分	教师评分
1	是否按要求完成了实训内容	35			
2	是否会创建安全信息二维码	35			
3	实训态度	10			
4	团队合作	10			
5	拓展知识	10			
小计		100			
总评（取小计平均分）					

任务 2 利用 BIM 技术三维展示现场施工环境

1. 实训目的

利用 BIM 技术进行施工现场安全管理及场地布置。

2. 实训内容及实训步骤

实训日期：________________ 实训成绩：________________

班　　级：________________ 小组成员：________________

实训 根据施工现场平面布置图，利用 BIM 技术进行施工场地布置。

步骤 1：熟悉施工现场平面布置图（码 3-8）

步骤 2：打开 Revit 软件

(1) 打开软件，点击新建，根据自己的专业选择对应的样板，在左下角勾选项目后保存。

(2) 选择建筑样板，打开项目，项目中心有四个标志，分别代表东、西、南北四个立面，可以框选对其进行移动。

步骤 3：明确建模顺序

(1) 建模顺序为：标高—轴网—构件。首先选择一个立面，然后使用软件上方的“标高”选项卡进行绘制。

(2) 其次绘制轴网，点击右侧项目浏览器中的任何一个楼层平面开始绘制轴网，点击上方选项卡中的“轴网”进行绘制，绘制完第一条轴网后，输入距离可以依次对剩下的轴网进行绘制，双击任何一条轴网可以对其进行重新命名。

步骤 4：准备绘制模型

(1) 前期准备工作完成后，开始对模型进行绘制，绘制时可以选择直接参考图纸进行绘制，也可以将图纸导入项目中进行绘制，一般选择导入图纸绘制。点击上方选项卡中的“插入”—“导入 CAD”完成后点击准备好的图纸开始准备模型绘制，并与绘制好的轴网对齐。

(2) 首先进行墙体的绘制，选择“建筑”选项下的“墙”进行绘制，按照图纸中的墙体类型及厚度点击“编辑类型”可以对墙体名称及厚度进行更改，更改完毕后按照图纸开始绘制。

(3) 墙体绘制以后，添加门，点击“建筑”—“门”，依次点击编辑类型，修改门的尺寸及名称，保存完毕后，直接放在墙上面就可以。因为本图纸中只有墙体和门、窗，所以就简单介绍这些构件的绘制，其他柱、梁、板、窗的绘制方法相似，可依据此方法绘制。

(4) 绘制屋顶时选择“建筑”选项下的“屋顶”—“迹线屋顶”，在相对应的楼层平面绘制屋顶后调整好尺寸与坡度。

(5) 进行场地的绘制，点击上方选项卡“体量与场地”进入场地绘制，根据资料所给尺寸放置点，然后在“体量与场地”选项卡中选取“子面域”划分场地，赋予材质，添加场景与人物。

(6) 依次绘制完成后，点击左上角图标选择另存为项目，关闭软件，就可以对模型进行下一步的操作。

步骤 5：族的建立

对于一些形状不规则的构件，通常采用新建－族－公制常规模型进行绘制，编辑尺寸，选取相应的材质，最后载入到项目。

步骤 6：制作漫游

（1）点击上方选项卡的漫游，然后点击右侧项目浏览器中的1层平面放置相机，编辑漫游，调整每一帧的相机角度，至漫游播放流畅为止。

（2）点击左上角图标—导出图像与动画—漫游。

步骤7：观看学生实训成果（码16-3、码16-4），完善作品。

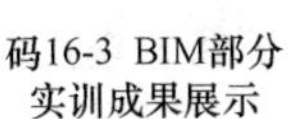
码16-3 BIM部分实训成果展示

码16-4 BIM实训视频成果

步骤8：装订，整理实训资料，上交实训作业。

3. 实训考评

实训成绩考核表

序号	考核内容	所占分值	自评评分	小组评分	教师评分
1	是否按要求完成了实训内容	35			
2	是否掌握了利用BIM技术进行施工场地布置	35			
3	实训态度	10			
4	团队合作	10			
5	拓展知识	10			
小计		100			
总评（取小计平均分）					

参 考 文 献

[1] 中华人民共和国国家标准. 建筑施工企业安全生产管理规范 GB 50656—2011[S]. 北京：中国计划出版社，2012.

[2] 中华人民共和国国家标准. 建设工程施工现场消防安全技术规范 GB 50720—2011[S]. 北京：中国计划出版社，2011.

[3] 中华人民共和国行业标准. 施工现场临时用电安全技术规范 JGJ 46－2005[S]. 北京：中国建筑工业出版社，2005.

[4] 中华人民共和国城市建设行业标准. 市政工程施工安全检查标准 CJJ/T 275—2018[S]. 北京：中国建筑工业出版社，2018.

[5] 陕西建工集团有限公司 主编. 文明施工标准化手册[M]. 北京：中国建筑工业出版社，2017.

[6] 交通运输部工程质量监督局. 公路水运工程施工安全标标准化指南[M]. 北京：人民交通出版社，2015.

[7] 北京市住房和城乡建设委员会. 北京市建设工程施工现场安全生产标准化管理图集(2019版)，2019.

[8] 太原市住房和城乡建设委员会. 太原市建设工程安全文明标准化管理手册，2017.

[9] 中建二局基础设施建设投资有限公司. 市政、公路工程总承包施工现场安全生产标准化图集，2019.